Hermann Sottong

# Die größte Agentur der Welt

## Anleitung zum Post-Fake-Marketing

kursbuch.edition

# Vorwort

Wir Menschen sind auf verlässliche Information angewiesen. Sie ist für unser Überleben ähnlich essenziell wie sauberes Wasser. Mit beiden Lebensgrundlagen sind wir in der Vergangenheit nicht immer pfleglich umgegangen. Lange Zeit wurde die Verschwendung und Verschmutzung wertvoller Ressourcen wie Wasser oder Information unbedacht hingenommen. Zu ernsthaften Reaktionen auf die entstandenen ernsthaften Probleme kam es – wie so oft – erst spät.

Wie im Falle des Wassers. Erst im letzten Drittel des vergangenen Jahrhunderts, als Seen und Flüsse allerorten bereits umgekippt waren, begannen hierzulande Politik wie Wirtschaft auf den öffentlichen Druck zu reagieren. Nun, im ersten Drittel unseres Jahrhunderts, wird sich Ähnliches abspielen. Dieses Mal geht es um die Informationsflüsse. Bei immer mehr Menschen macht sich immer stärker das Gefühl breit, dass es »reicht«: In gleichem Maße, wie verlässliche und relevante Information zum knappen Gut zu werden scheint, drängt sich uns ein Zuviel an unnötigem Informationsballast und diskursorischem Abfall auf – ein geistiger Giftmüll, der ungeklärt in die Kommunikationskanäle eingeleitet wird und dessen Entsorgung bislang weitgehend dem Einzelnen überlassen bleibt.

Aber: Es wächst das Bewusstsein dafür, dass verlässliche Information ein wertvolles öffentliches Gut darstellt, das entsprechend gemeinschaftlich eingefordert und gepflegt werden muss. Für dessen Erhalt wir alle gemeinsam die Verantwortung tragen.

Ein erheblicher Teil des Informationsmülls wird von der seit Jahrzehnten anschwellenden Flut derjenigen Botschaften verursacht, die Wirtschaftsunternehmen mit ihrem Marketing auf allen Kanälen »versenden«. Ihre Versprechungen und Ideen vom schönen Leben sollen unsere Aufmerksamkeit kapern und sie so auf die bunte Welt der Produkte und Dienstleistungen lenken. Eine ganze Reihe von Indizien spricht jedoch dafür, dass das bisher praktizierte Marketing mit seinen Strategien an ein Ende gekommen ist: Steigerungsorientierung und der Glaube an das rein quantitative Prinzip »Mehr nützt mehr« erzwingen einen verzweifelten Aufwand, dem ein abnehmender Grenznutzen von Werbung gegenübersteht. Gleichzeitig entwickeln die Konsumenten konsequent Abwehrstrategien, um den Zumutungen eben dieses Marketings zu entgehen.

So gesehen sind Markenkommunikation, Marketing und Werbung auch ein Bereich, auf dem sich auf exemplarische Weise beobachten lässt, welche Transformationen die sogenannte »Informationsgesellschaft« insgesamt durchmacht – und welche Chancen sich dabei ergeben.

Im Grunde verdanken die Menschen in marktliberalen Demokratien der Marketingindustrie eine gewisse Routine im Umgang mit Fake-Kommunikation. Denn wer tagtäglich mit allgegenwärtiger Werbung konfrontiert ist, muss damit umgehen lernen, dass es lebensweltliche Bereiche gibt, in denen man ausschließlich und systematisch interessengeleitet informiert wird. Dabei geht es nicht so sehr um glatte Lügen: Fake-Marketing operiert – kaum subtiler – lieber durch Beschönigung, Übertreibung, Beschwörung, Verschwisterung, Flunkern und Verschweigen.

Lange Zeit wurde auch dieses Fake-Marketing als Teil des marktwirtschaftlichen Spiels hingenommen. Und vor allem gab es da immer auch einen Ausgleich durch einen alternativen, quasi unterirdischen Informationsfluss, der das Marketinggeschrei relativieren konnte: die reale Kommunikation von Konsumenten über Produkte, Marken und Märkte, in der immer schon andere, zusätzliche, erfahrungsbasierte Informationen verfügbar und insofern verlässlicher, glaubwürdiger, zumindest einschätzbarer waren.

Die Parallelität dieser Informationsströme – den des Marketings und den des Konsumentendiskurses – stützt eine der zentralen Thesen dieses Buches: Marken entstehen wesentlich als Ergebnis eines diskursiven Prozesses. Sie werden nicht vom Marketing, sondern von Konsumenten gemacht.

Internet und Digitalisierung haben auch hier wieder einiges geändert. Die Marketingstrategen sind darauf fixiert, uns mithilfe der neuen Medien noch besser beobachten, verfolgen und gezielter erreichen zu können – und erzeugen dabei im Effekt noch heftigere Abwehrreaktionen. Die andere Seite dieser Medaille: Der ehemals eher unterirdisch fließende Strom der Konsumentenkommunikationen tritt nun an die Oberfläche und verbreitert sich beträchtlich. Noch nie konnten sich Konsumenten besser gegenseitig beobachten, miteinander in Kontakt treten, untereinander austauschen als heute, noch nie waren sie unabhängiger von den Botschaften der Unternehmen und Markeninhaber. Mit ihrer »Macht«, selbst Marken zu machen, wächst auch ein neues Selbstbewusstsein der Konsumenten heran.

Die Entwicklung hin zum Post-Fake-Marketing hat schon begonnen. Was genau dabei alles entstehen wird, bleibt offen. Getragen aber wird sie sein von der Erkenntnis, dass Marken nicht in Vorstandsetagen und Agenturen gemacht werden können, dass sie zwar geführt, aber nicht gesteuert werden können. Die »Leadership« bei diesem Prozess liegt bei den Kunden und Konsumenten. Post-Fake-Marketing wird dialogischer und damit spannender, komplexer, anspruchsvoller und aufregender werden, als es das Fake-Marketing der *Mad Men* je war. Und es kann viele Beispiele dafür liefern, wie eine zukünftige Informationsgesellschaft aussehen kann, die mit »Fake« fertiggeworden ist.

# Einleitung

Sie sind überall, sie umgeben uns permanent und wir entkommen ihnen nicht: Die Rede ist von Markenprodukten, Markenlogos, Markennamen. Marken prägen das Bild unserer Straßen und Plätze, leuchten noch in der Nacht von Hochhausdächern auf uns herab und füllen als Text und Bild sämtliche unserer Medien. Sie sind nicht mehr wegzudenken aus unserem Alltag. Diese Allgegenwart, die wir heute erleben, ist ein historisch gesehen relativ junges Phänomen: Im Jahr 1875 wurden die gekreuzten Schwerter der *Staatlichen Porzellan-Manufaktur Meissen* registriert. Sie gelten als ältestes offizielles Markenlogo hierzulande – das noch ganz dezent an der Unterseite der Produkte platziert wurde.

Heute drängen die Marken mit ihren Zeichen ganz nach vorne. Es hat den Eindruck, als versuchten sie, noch jede erdenkliche Oberfläche zu besetzen. Ein Versuch, der nicht ohne Erfolg bleibt: Scheint es doch vielen Konsumenten völlig normal zu sein, als lebende Litfaßsäulen durch die Straßen unserer Städte zu laufen. Auf dem T-Shirt prangt unübersehbar *CK*, ebenso auffällig das *D&C* im Bügel der Sonnenbrille. In der einen Hand die Tüte von – uuups – *Zara*, in der anderen das Smartphone mit dem perfekt designten Apfel. Unter der Masse von »Markenträgern« fallen heute diejenigen auf, die sich den ostentativen Verzicht auf einen »gebrandeten« Auftritt leisten.

Die Massivität und Intensität, mit der Marken heute auf sich aufmerksam machen, hat exponentiell zugenommen. Seit Mitte der 1960er-Jahre hat sich die Anzahl der Werbereize und -botschaften, mit denen wir im Alltag konfrontiert sind, auf geschätzt 14 000 täglich versiebenfacht. Die globalen Ausgaben der Unternehmen dafür steigen Jahr für Jahr und liegen derzeit bei ungefähr 500 Milliarden US-Dollar jährlich. Demgegenüber wirken die Zeiten der *Mad Men*, in denen die Werbebranche in den USA eine goldene Ära durchlebte, geradezu beschaulich. Der immer höhere Aufwand, den Werbung derzeit betreiben muss, um noch aufzufallen und Erfolge zu erzielen, ist nicht zuletzt ein gutes Indiz dafür, dass es bei aller marketingtechnischen Aufrüstung eher schwieriger geworden ist, die Aufmerksamkeit der Kunden zu gewinnen. Gerade weil Markenbotschaften und Markenzeichen so ubiquitär und omnipräsent sind, tut sich die einzelne Marke immer schwerer, überhaupt durchzudringen.

Allein in Deutschland dürften derzeit ungefähr 800 000 Marken eingetragen sein. Wenn, wie Schätzungen sagen, vom Durchschnittsdeutschen 50 000 Wörter umstandslos verstanden werden, dann folgt daraus, dass der Löwenanteil der existierenden Marken allgemein unbekannt bleibt und kein Wissen über Produkte und Firmen damit verbunden wird. Die allgemeine Auffassung von dem, was eine Marke ist, wird beherrscht von einer Gruppe populärer, sogenannter starker Marken. Das sind diejenigen, die in nahezu jedem Haushalt zu finden sind, die das Straßenbild prägen, deren Spots über die Bildschirme flimmern, die die Anzeigenseiten dominieren, in den Regalen der Supermärkte auf Augenhöhe stehen und die besten Plätze besetzen.

Vor den Flagshipstores der großen Marken versammeln sich die Fans, und wenn *Apple* ein neues Produkt lanciert, kampiert die Anhängerschaft vor der Ladentür, um als Erste das neue *iPhone* ihr eigen nennen zu dürfen. Eine so hingebungsvolle Begeisterung wurde noch vor wenigen Jahrzehnten höchstens Rockstars und Popikonen zuteil.

»Markenwahn« wird vor allem den Jugendlichen gern attestiert. Wer auf dem Schulhof keine oder – schlimmer noch – die falschen Marken zur Schau stelle, werde gemobbt. Dabei lässt sich gerade an Jugendkulturen beobachten, wie differenziert und interessant der Umgang mit dem Phänomen Marke mittlerweile geworden ist und wie vielfältig die kommunikativen Funktionen sind. Jugendmarken können scheinbar aus dem Nichts populär werden und ebenso rasant wieder von der Bildfläche verschwinden. *Abercrombie & Fitch* mit den hippen Läden, in die die Klientel von halb nackten, durchtrainierten Teenies gelotst wurde, um die ebenso unverschämt teuren wie kultigen Teile zu erwerben, stürzte 2015 so schnell und so tief, dass danach nur noch die Wandlung zur Günstigmarke zu bleiben schien.

Während die amerikanische Modemarke in Werbung und Marketing scharf auf die unter 30-Jährigen gezielt hatte und nach dem kurzfristigen Erfolg feststellen musste, dass Markentreue nicht zu den Stärken dieser Zielgruppe gehört, kommen andere Marken bei Jugendlichen zum Erfolg, ohne zu wissen, wie ihnen geschieht: Irgendein Accessoire oder ein neuer Stil, den popkulturelle Vorbilder, aber eben auch Altersgenossen auf *Instagram* oder *YouTube* vorzeigen, kann zu einem mehr oder weniger kurzfristigen Hype führen.

Diese spontane Entstehung von Kultmarken in Jugendkulturen zeigt, dass Marken als populäre Zeichen und Phänomene sozialer Kommunikation nicht notwendig durch Werbung »gemacht« werden müssen. In vielen Fällen entstehen sie eben durch die Kommunikation von (Sub-)Kulturen. Mit anderen Worten: Wir selbst als Kunden, Konsumenten, Bürgerinnen und Bürger haben das Potenzial, Marken zu »machen« – ein Phänomen, das uns im weiteren Verlauf dieses Buches noch eingehender beschäftigen wird.

## Die Sprache der Marken

Marken erfüllen für Jugendliche einerseits die Funktion, sich insgesamt von den älteren Generationen abzuheben, andererseits aber auch, Differenz innerhalb der eigenen Altersklasse zu signalisieren: Marken zeigen also Zugehörigkeit, Abgrenzung und manchmal eben auch Ausgrenzung an. Deutlicher noch als in der Erwachsenenwelt wird hier ihre Funktion als Zeichen in der Kommunikation. Dass die Verwendung von Markenzeichen unter Jugendlichen sozial strenger gehandhabt wird, die sozialen Folgen der Missachtung von Codes und Regeln härter sind und die Wechselfrequenz höher ist, hat damit zu tun, dass sie sich im Prozess der Identitätsfindung und Erprobung von Rollenmodellen befinden – und nicht unbedingt damit, dass sie empfänglich für eine mentale Erkrankung namens Markenwahn sind. Wenn Psychologen so eine Krankheit erfinden, zeugt dies eher davon, wie wenig sie die Tatsache reflektieren, dass auch sie – wie wir alle – Teil einer Kultur sind, in der soziale Kommunikation in hohem Maße über die Verwendung von Markenzeichen stattfindet, ganz gleich, ob der Einzelne das nun will oder nicht.

Markenzeichen bilden also eine Art Sprache, die zusammen mit anderen Codes dazu benutzt wird, soziale Identität zu konstruieren, zu variieren und anderen zu signalisieren, wer man *ist* – oder genauer: was man anderen gegenüber darstellen möchte. Nicht nur für Jugendliche gilt, dass im Repertoire sozialer Zeichen das Präsentieren von Markenprodukten und Markenzeichen immer auch ein Mittel ist, soziale Differenzen, Zugehörigkeiten und Abgrenzungen zu demonstrieren. Das funktioniert, wenn die dafür benutzten Markenzeichen gut bekannt sind. Dann kann man davon ausgehen, dass festgelegte Botschaften, Haltungen, Bedeutungen mit dieser Marke assoziiert werden. Wer mit einem *Mazda MX-5 Roadster* vorfährt, legt es darauf an, für jugendlich, sportlich und unternehmungslustig gehalten zu werden, wer aus einem *Dacia* steigt, wird dagegen als pragmatisch, autonomiebestrebt und unangepasst eingeschätzt.

Nun findet man bei Automobilen nahezu keine Marke, die nicht mit entsprechenden Klischees aufgeladen ist, weil Autos durch die Bank massiv beworben werden. Aber in den meisten anderen Bereichen entdeckt man Nischenmarken, regionale, lokale Marken, über die anders und anderes kommuniziert werden kann: Man demonstriert damit beispielsweise seine ökologische Orientierung, seine Unabhängigkeit, zeigt sich als Kenner, Lokalpatriot, Nostalgiker etc. Wer nicht zur Masse gehören will, wird andere Marken wählen als der Durchschnittskonsument. Und mittlerweile gibt es immer mehr Menschen, die aktiv auf der Suche nach Dingen sind, die überhaupt nicht gebrandet sind: handwerklich hergestellte Produkte, Selbstgemachtes, Vintage, No-Name-Waren. Und auch sie senden damit Botschaften wie Eigenständigkeit, Individualismus, Nichteinverständnis, alternative Haltung. Denn eines kann man gemäß Paul Watzlawicks Diktum auch auf diesem Gebiet nicht: Man kann auch durch die Wahl von Produkten nicht nicht kommunizieren.

Mit Markenzeichen verweisen wir auf Haltungen, Vorlieben, Zugehörigkeiten und Identitätskonstrukte, signalisieren – bewusst oder nicht bewusst – Differenz. Betrachtet man das Phänomen Marke unter dem Zeichenaspekt und im Hinblick auf soziale Kommunikation als eine Art Sprache, dann kann man die einzelne Marke als Wort auffassen, die Menge aller Markenzeichen als das Wörterbuch. Und genauso wenig, wie wir uns in Einzelwörtern, sondern in zusammenhängenden Sätze verständigen, »äußern« wir uns über einzelne Markenzeichen. Auch hier macht die Kombination im Ausdruck erst die Bedeutung aus. Und offenbar gibt es auch in dieser Sprache eine Art von Grammatik, also Regeln dafür, wie man die Zeichen so zu kombinieren hat, dass der hergestellte »Text« als sinnvoll, passend, verständlich interpretiert werden kann. Eine Frau im eleganten Kostüm und mit einer praktischen, aber aus bestem Leder gearbeiteten Umhängetasche – beides, Kostüm und Tasche, ohne sichtbares Logo – steigt aus einem *Dacia Sandero*. Diese Kombination werden wir völlig anders interpretieren als die einer Frau in Lederjacke von *Armani* mit *Louis-Vuitton*-Tasche, die aus einem *BMW 5er* steigt. Und je mehr wir über die von diesen beiden Frauen bevorzugten Produkte und Freizeitangebote erfahren – wo und was sie essen, einkaufen, rezipieren etc. –, desto mehr Hypothesen werden wir über ihre Persönlichkeit, ihre Haltung, ihre Identität bilden.

Die Sprache der Marken, wie wir sie heute vorfinden, ist ein Kulturphänomen der westlichen Gesellschaften seit den 1950er-Jahren und hat längst den Bereich der Warenwirtschaft verlassen, um zum eigenen sozialen Zeichensystem zu werden, das Orientierung gibt und einzuschätzen hilft, wer die anderen sind und welchen Platz im sozialen System sie einnehmen: Dabei ergänzt es nicht nur bestehende Zeichensysteme zur sozialen Orientierung und Unterscheidung, sondern ersetzt sie sogar größtenteils. Denn viele der traditionellen sozialen Codes sind im Verlauf des 20. Jahrhunderts mehr und mehr erodiert. Die Art der Kleidung, des Auftretens, des Benehmens und der Schicklichkeit, die Art zu reden und zu schweigen gaben Aufschluss über soziale Zugehörigkeiten, ebenso wie der Konsum von Speisen, Vergnügungen, Bildungsgütern, die Angemessenheit des gesamten Habitus. All diese »feinen Unterschiede«, die Pierre Bourdieu als soziosemiotische Systeme für das Frankreich der 1960er- und 1970er-Jahre rekonstruiert hat, sorgten in früheren Jahrhunderten dafür, dass man zeigen und erkennen konnte (aber auch musste!), wer jemand ist und wo jemand hingehört.[1]

Aus heutiger Sicht hat Bourdieu mit diesem Klassiker der Soziologie all jenen sozialen Regelsystemen auch ein Denkmal gesetzt, denn sie sind mittlerweile einer wesentlich fluideren, flüchtigeren Systematik gesellschaftlicher Kommunikation und Ordnung gewichen, deren Struktur und Grenzen heute nicht mehr auf die gleiche Weise beschrieben werden könnten.

Die wachsende Ungleichheit zwischen der kleinen Schicht Vermögender und der breiten Masse, aber auch das stetige Schrumpfen eines gemeinsamen Fundus an kulturellem Wissen und damit auch an diskussions- und konsensfähigen Vorstellungen über eine wünschenswerte Entwicklung des Gemeinwesens sind Indizien dafür, dass sich in unserer Gesellschaft subkutan Ordnungen und Spaltungen abzeichnen, die härter sind, als es das Schauspiel vermuten lässt, das wir an der Oberfläche der Alltagskultur beobachten können. Selbstverständlich gibt es ihn noch, den von Bourdieu so genannten Habitus, der das Paradigma der zeichenhaften Verhaltensweisen, Ausstattungsmerkmale und Auswahlkriterien bezeichnet, der signifikant und typisch für soziale Schichten und damit für Inklusion oder Abgrenzung ist. Aber heute kann auch der Oberstudienrat, Chefarzt, Bankangestellte oder Facharbeiter an unterschiedlichen Orten und zu unterschiedlichen Gelegenheiten die Rolle, seinen gesamten Habitus wechseln. Multiple Identitäten simulieren oder leben zu können ist nicht nur möglich geworden, es ist fast schon zur Anforderung an soziale Kompetenz geworden. Der Habitus ist nicht mehr der kommunikative Ausdruck der einen, fest gefügten sozialen Rolle, er tritt heute in der Mehrzahl auf, man wählt situationell in Entsprechung zu wechselnden Spielorten und Lebensphasen den passenden aus.

Wo die festen Soziolekte abhandengekommen sind und die Verlässlichkeit der Interpretation des Habitus fehlt, füllt auch die Sprache der Marken die Lücke. Mithilfe von Marken zu kommunizieren verschafft Freiheiten, eröffnet die Möglichkeit zu schnellen Rollenwechseln, erhöht die Adaptivität. Zugehörigkeit ist nicht mehr daran geknüpft, lebenslang an dieselbe Gruppe und deren Habitus gebunden zu sein. Zugehörigkeiten können wechseln, auch parallel existieren, und gleichzeitig ist es möglich, durch kombinatorisches Geschick bei alldem individuell zu bleiben.

Die Kehrseite dieser Freiheit ist die Zumutung, ständig zwischen diesen Optionen wählen zu müssen. Wir müssen nicht nur immer wieder neu entscheiden, wer wir nach außen hin sein, wohin wir gehören wollen und wohin nicht, wir müssen auch permanent entscheiden, mithilfe welcher Auswahl an Produkten und deren Botschaften wir unsere Position signalisieren wollen. Die Sprache der Marken ist höchst lebendig. Ständig kommen neue Produkte und damit Marken – und mit ihnen neue Optionen, sich auszudrücken – hinzu, andere verschwinden, wieder andere verändern im Laufe der Zeit ihre Bedeutung. War der Trainingsanzug mit den drei Streifen einst die Sportbekleidung von Altherrenfußballern und Dienstuniform des biederen Nationaltrainers Helmut Schön, wurde *adidas* mit der Entdeckung durch goldkettenbehangene Gangsta-Rapper zum Streetwear-Kult.

Da wir alle durch die Kombination von Marken, durch ihre Nutzung, durch unser Reden über Marken, durch gegenseitiges Beurteilen, Verurteilen oder Bewundern unserer Markenstile zur ständigen Transformation der Markensprache beitragen, müssen wir uns auch permanent über deren Entwicklung auf dem Laufenden halten. Eine solche »Markensprachkompetenz« muss also nicht nur erworben, sondern auch immer wieder aufgefrischt werden.

Die Sprache der Marken spielt eine beachtliche Rolle in unseren Alltagskommunikationen: Was zu uns passt, was uns steht, was geht und was gar nicht geht, was unmöglich ist, was uns hilft, begeistert, glücklich macht, gut für uns ist und »woran man gleich sieht, dass …«, all das beschäftigt uns in Alltagsgesprächen. Produkte und Dienstleistungen sind in einer Kultur, die Waren im Überfluss produziert und anbietet, fester Bestandteil von Alltagsdiskursen. Es gibt kaum eine Thematik, an die sich nicht Problemlösungen – aber auch Problemursachen – in Gestalt warenförmiger Angebote anschließen ließen. Ganz gleich, ob es um Gesundheit oder Genuss, um Geld oder Ökologie, Ernährung oder Schönheit, Sex oder Sicherheit geht: Es gibt immer passende Produkte und Dienstleistungen. Und es gibt die entsprechenden Erfahrungen, Erlebnisse und Bewertungen der Gesprächsteilnehmer. Dass Markennamen dabei eine kaum zu überschätzende praktische Funktion erfüllen, liegt auf der Hand: Man stelle sich vor, man müsste all diese Waren umständlich beschreiben. Es ist der permanente Austausch von Erfahrungen mit allem, was an sachlichen und emotionalen Urteilen damit verbunden ist, der die Bedeutung der Markennamen wesentlich mit prägt: Wir plappern eben nicht einfach brav nach, was die Werbung über eine Marke sagt, sondern geben unsere eigenen Eindrücke und Werturteile wieder.

Dieser Aspekt wird von der Mehrheit der Marketingprofis immer noch unterschätzt: Viel zu verliebt sind sie in die Idee, dass es *ihre* Werbung und *ihre* Maßnahmen sind, die die Marke machen. Tatsächlich sind Markenbedeutungen das Produkt sozialer Kommunikationen und Austauschprozesse und entstehen allein durch ihre Präsenz in solchen Alltagsdiskursen, in denen sie stark werden können.

## Marken brauchen keine Werbung

Die großen und starken Marken kennen wir aus der Werbung: Sie nehmen die Plakatflächen ein, die Anzeigenseiten der Printmedien, zerstückeln mit ihren Werbespots das TV-Programm, zögern den Beginn von Kinofilmen hinaus und ploppen auf unseren Computerbildschirmen auf. Intuitiv denken daher viele von uns, dass es einen notwendigen Zusammenhang zwischen dieser Art von Werbung und dem Entstehen von Marken gibt. Dabei sind tatsächlich die meisten Marken, denen wir vertrauen und die wir mögen, auf ganz andere Weise in unser Leben getreten: durch Empfehlung von Verkäufern oder Freunden, durch schöne Zufälle, aktive Recherche, Beobachtung anderer. Klar ist, dass fast immer irgendeine Art von Marketing stattgefunden haben muss, damit diese Ware überhaupt zu uns gelangen konnte. Um aber Marke zu sein, muss ein Angebot jedenfalls nicht notwendig beworben werden. Auch muss es nicht notwendig global bekannt und verfügbar sein. Das, was Marken ausmacht, ist skalierbar und in unterschiedlichen Maßstäben gültig. Wie groß und mächtig eine Marke ist, hängt unter anderem auch davon ab, welche Strategie und welche Ziele ein Anbieter verfolgt. In vielen Bereichen sind es gerade die besten Marken, die nicht unbedingt unbegrenzt wachsen wollen.

Die Steigerungsraten bei Werbereizen und Werbezeiten sind so enorm, dass der Peak bald erreicht sein wird – wenn er nicht bereits überschritten ist. Die Gegenreaktionen jedenfalls sind vielfältig und die Abneigung gegen Werbung steigt. Auch in Werbeagenturen werden Adblocker benutzt, um in Ruhe arbeiten zu können. Dass Werbung mehr und mehr in Ungnade fällt, liegt auch an der Art und Weise, wie sie vielfach kommuniziert, an den Versprechungen, die sie uns macht, und häufig genug auch daran, dass sie unsere Intelligenz beleidigt. Unternehmen scheinen noch gar nicht begriffen zu haben, dass sie mit Werbung für etwas bezahlen, was ihnen unter Umständen nicht nur nichts nützt, sondern mittelfristig sogar schaden kann. Auch da sind es weniger die einzelnen Marken, die leiden, als ganze Branchen: Gerade dort, wo exzessiv geworben wird, wie etwa im Automobilbereich, sagen immer mehr, vor allem jüngere Kunden, dass ihnen Marken gleichgültig werden.

Es gibt keinen rationalen Grund für die Behauptung, dass Marken Werbung brauchen. Ebenso wenig gibt es einen rationalen Grund für die Überzeugung, dass Marktwirtschaft ohne diese Art von Werbung nicht auskommen kann. Als Beleg reicht ein Blick zurück in die Historie: Marktwirtschaften florieren seit

Jahrhunderten, massenmedial verbreitete Werbeversprechungen sind gemessen daran ein sehr junges Phänomen. Aber auch ohne den Blick zurück in die Geschichte lässt sich beobachten, wie Marktwirtschaft erfolgreich ohne klassische Werbung funktioniert. Wenn Unternehmen untereinander ins Geschäft kommen, dann sieht das Marketing auf einmal ganz anders aus. Im sogenannten B2B-Bereich nämlich setzen die Marken auf Information, Kundenpflege, Service, Erklärung der Produktvorteile. Hier bedeutet Markenpolitik Aufbau und intensivste Pflege eines rational überprüfbaren Markenversprechens, dessen Einhaltung essenziell und existenziell ist.

Wenn es dagegen um den privaten Konsum und uns Verbraucher geht, dann zielt Werbung auf Emotion, auf Wunschbilder, Träume und Triebe. Man unterstellt uns, dass wir gerne beschummelt werden, ja sogar mit vollem Einverständnis betrogen werden wollen: Automobile, die immer größer und schneller werden, dabei immer weniger verbrauchen und kaum mehr Schadstoffe ausstoßen? Nahrungsmittel, die schmecken wie aus Omas Sonntagsküche, mit besten Zutaten aus Wald und Wiese, nahezu fettfrei und gesund? Modische Klamotten, chemiefrei und von glücklichen Näherinnen hergestellt, quasi Entwicklungshilfe und trotzdem zum Schnäppchenpreis? Keine Frage: Das alles hat über Jahrzehnte hinweg gut funktioniert. Und die Konsumentenschaft in toto kann von der Verantwortung dafür, wie die Werbung – und damit die Unternehmen – mit ihr umgeht, nicht freigesprochen werden.

Aber der Wind beginnt sich zu drehen. Die hektischen Debatten in der Werbebranche darüber, mit welchen Mitteln den Konsumenten heutzutage noch beizukommen sei, sind ein deutliches Indiz für den beginnenden Wandel. Jetzt schon ist klar, dass immer mehr Aufwand betrieben werden muss, um auch nur annähernd noch die gewohnten Effekte zu erzielen. Mündige Verbraucher finden Marken, die anders agieren – und anders sind. Marken, die nachprüfbare Versprechen abgeben und auch halten. Marken im Nahbereich ihres Lebens, Marken, die auch beobachtet werden können.

Die Abwendung von Werbung bedeutet also keinesfalls automatisch eine Abwendung von Marken. Sie sind in unserer Kultur nicht nur hilfreiche Zeichen in der Alltagskommunikation, sie sind auch unverzichtbar für unsere Orientierung auf den Märkten. Marken sind schlicht praktisch. Denn sie helfen den Konsumenten, die ansonsten kaum zu bewältigende Komplexität der Angebotswelt zu beherrschen.

Dass Markenentwicklung und Markenführung die Mittel sind, um am Markt zu reüssieren und Produkte erfolgreich zu machen, wird in der Wirtschaft als selbstverständlich angesehen. Bisher werden aber meist die enormen Potenziale der Innenwirkung von Marken unterschätzt: Nach meiner Überzeugung ist gerade ein starkes, klares Markenbewusstsein ein vielseitiges Instrument für Unternehmer und Manager, um ihre Organisation zu führen, ihre Identität aufzubauen und nachhaltige Entscheidungen zu treffen.

# Keine Marke ohne Zeichen: Die Semiotik der Marke

## Marke und Besitz

Wer durch Wald und Fluren wandert, begegnet hin und wieder alten Grenzsteinen. Darauf sind manchmal noch verwitterte Wappen und ähnliche Zeichen zu erkennen. Solche Marksteine zeigen heute noch an, wo früher die Grenze zwischen den Herrschaftsgebieten von Feudalherren verlief. Auf der einen Seite des Marksteins findet sich dann etwa der Löwe des Fürsten Aggro von Lausenstein, auf der anderen die Lilie der Gräfin Sophie von Friedthal, und wer des Weges kam, wusste genau, auf wessen Herrschaftsgebiet er sich jeweils befand. Bis heute hat sich in Landschaftsnamen wie Uckermark oder Mark Brandenburg diese Etymologie erhalten.

Ursprünglich verweist also der Begriff Marke auf die Grenze zwischen Besitztümern und Herrschaftsgebieten und markiert den Umfang dieser Bereiche. Marke in diesem Sinne zeigt also einen Besitz- und Herrschaftsanspruch an.

Besitzrechte spielen auch die zentrale Rolle beim englischen Wort *brand*. In Howard Hawks' wunderbarem Western *Red River* aus dem Jahre 1948 ist das Brandzeichen des Rinderbarons Tom Dunson von zentraler Bedeutung. Der von John Wayne verkörperte Dunson plant mit seiner riesigen Herde einen bis dahin nie gewagten Viehtrieb in den Norden, um dort seine Rinder auf die Fleischmärkte zu bringen und so die ökonomische Krise seiner Ranch zu beenden. Bevor es losgeht, muss allen Rindern das Zeichen »Red River D« eingebrannt werden. Mit diesem Branding wird unzweifelhaft klargestellt, wem das Huftier gehört.

Was beim Einbrennen des Zeichens in die Kuhhaut geschieht, nennt die Zeichentheorie einen performativen Akt: Dadurch, dass jemand ein Zeichen äußert, verändert er die Realität – in diesem Falle die Besitzverhältnisse. Irgendwann im Verlauf des zunehmend konfliktträchtigen Viehtriebs sagt Dunsons Ziehsohn Matt Garth zu Tom: »Du würdest am liebsten jedem von uns dein Brandzeichen aufdrücken!«, und bringt damit dessen Beziehung zu den Viehtreibern auf den Punkt: Dunson möchte auch sie alle besitzen, ihnen seinen Willen aufzwingen – und sie damit verdinglichen.

Das Einbrennen eines Zeichens in die Haut eines Lebewesens ist ein außergewöhnlicher Fall von »Äußerung«. Zeichen können flüchtig sein wie etwa gesprochene Wörter und werden im Normalfall auf eigens dafür geschaffene Trägermedien wie Papier oder Leinwand appliziert. Im Fall des Brandings aber wird bewusst eine untrennbare Verbindung geschaffen. Solange die Kuh lebt, wird sie auch dieses Zeichen tragen und damit im Besitz dessen sein, dem das Zeichen gehört. Die Huftiere in *Red River* sind also eindeutig Waren, die erzeugt, geliefert und verkauft werden. Und das Brandzeichen ist damit auch »Warenzeichen«. Die Unterscheidung, die durch das Brandzeichen hergestellt wird, ist die zwischen mein und dein, die Bedeutung des Red River D liegt in der Aussage: Dieses Rind gehört Tom Dunson. Es besteht eine klare, einfache Relation zwischen einer Person, einem eindeutigen Zeichen und einer untrennbar mit diesem Zeichen verbundenen Sache, durch die ein Besitzverhältnis hergestellt wird. Logisch gesprochen besteht die Bedeutung des Zeichens in einer Eigentümerproposition, die sich genau in dem Moment realisiert, in dem das Zeichen angebracht wird.

Ein solches Brandzeichen sagt nichts über weitere, etwa qualitative Unterschiede zwischen den Rindern aus. Das würde auch keinen Sinn ergeben: Wem auch immer in diesem Gebiet die Longhorns gehören – sie laufen alle in den Weiten der Prärie herum, fressen das gleiche Gras, sind derselben Witterung ausgesetzt. Dunsons Rinder sind nicht fetter oder fitter als die seiner Nachbarn, ihr Fleisch ist nicht zäher oder zarter, nicht mehr oder weniger »bio«. Hier zeigt sich bereits einer der Aspekte, in denen sich die Bedeutung der Begriffe Brand und auch Marke im Laufe der Zeit gewandelt hat. Beide verweisen heute nicht mehr unmittelbar auf Besitzer, Herrscher, Eigentümer einer Sache. Sie verweisen vielmehr auf Unterschiede zwischen Dingen, die ein bestimmtes Zeichen tragen – gebrandet sind –, und ähnlichen Dingen, die kein oder ein anderes Zeichen tragen.

Sowohl das Brandzeichen als auch die Zeichen auf den Marksteinen gehören zur Person des Landbesitzers – ob Ritter oder Rancher – und sind Teil seines Besitzes. Nur muss der Rancher sein Brandzeichen nicht offiziell schützen lassen: Denn was machte es für einen Sinn, wenn ein anderer Rancher dieses Brandzeichen seinen Rindern einbrennen würde? Er würde ja damit seine Rinder in den Besitz seines Konkurrenten überführen. Ein Brandzeichen zu fälschen bedeutete also damals, das Zeichen selbst zu verändern in ein anderes, um damit scheinbar die Besitzverhältnisse zu verändern. Genauso hätte einer, der fälschlich Marksteine mit dem Wappen eines Feudalherren aufgestellt hätte, nur dessen Gebiet vergrößert. Wer anders als der Zeicheninhaber selbst sollte so etwas tun? Markenfälschung heutzutage funktioniert genau andersherum: Das Markenzeichen wird akkurat kopiert, um es auf nachgemachten Waren anzubringen und so ihren Wert zu erhöhen. Durch die zusätzliche Verbreitung des Warenzeichens wird dessen Eigentümer nicht reicher gemacht, sondern wirtschaftlich geschädigt.

Durch den Kauf wechselt die Ware den Besitzer, auch wenn das Markenzeichen weiterhin auf ihr verbleibt. Erwirbt jemand einen *Mercedes*, prangt weiterhin der Stern auf Kühlerhaube und Heck, was jedoch keinesfalls bedeutet, dass der Wagen weiterhin der *Mercedes-Benz AG* gehört. Und dennoch verbleibt etwas davon bei *Mercedes*: das Zeichen selbst. Nach wie vor sind Name und Logo Eigentum eines anderen. Wer immer ein Markenprodukt ersteht, erwirbt damit nicht auch das Recht, mit diesem Zeichen zu tun und zu lassen, was ihm beliebt. Das heißt: Das Branding sagt nicht mehr aus, wem die Ware gehört, aber es bleibt bei seinem ursprünglichen Eigentümer. Auf diese subtile, nahezu magische Weise hat sich etwas von der alten Struktur erhalten, die sich ursprünglich mit dem Branding verband: Das Markenzeichen gehört nicht dem Kunden, sondern dem Besitzer der Marke – dem Marken-Owner –, und da es fest mit der Ware verbunden ist – aufgedruckt, eingeprägt, aufgestickt, graviert und eingelassen –, bleibt ein Teil dessen, was der Käufer erstanden hat, immer bei ihm. Ganz kann man ein Markenprodukt nie besitzen, der Marken-Owner bleibt *immer* eine Art stiller Teilhaber.

## Marke und Herkunft

Markenzeichen und Brands sind mittlerweile keine Zeichen mehr, aus denen eine Eigentümerproposition folgt. Wer eine Gruppe Rinder fand, die sich verlaufen hatte, konnte am Brandzeichen erkennen, wem die Tiere gehörten, und damit auch die Herkunft der Ware bestimmen. Jenseits des Verweises auf einen Besitzer wird Herkunft erst dann wichtig, wenn sich mit ihr weitere Merkmale verbinden. Erst wenn die gleiche Art von Waren in verschiedenen Regionen und von verschiedenen Produzenten hergestellt wird und sie aufgrund dessen unterschiedliche Merkmale aufweist, wird Herkunft zu einem wichtigen Faktor.

Wolle aus Kaschmir, Vanille aus Madagaskar, Chili aus Espelette, Eisenerz aus Indien – bei Rohstoffen verbinden sich seit Jahrhunderten bestimmte Qualitäten des Materials mit der Herkunftsregion zu einer festen Assoziation. In anderen Fällen besteht sie in der Verknüpfung von Region, Ort oder Hersteller mit einem bestimmten Können, traditionsreichen Herstellungsverfahren oder speziellen Werten.

Herkunftsbezeichnungen wie made in Germany sind bereits recht nahe an dem, was sich assoziativ auch mit dem ökonomischen Markenbegriff verbindet. Grundsätzlich ermöglicht eine solche Kennzeichnung zunächst nichts anderes als eine geografisch-politische Zuordnung von Waren. Wichtiger sind die Erwartungen, die sich an sie knüpfen lassen. Über Jahrzehnte hinweg war made in Germany konnotiert mit Robustheit, Zuverlässigkeit, sorgfältiger Verarbeitung, Qualität.

Ein wesentlicher Unterschied zwischen regionalen Herkunftsbezeichnungen und Marken ist aber, dass Erstere sich auf ganze

Produktgattungen – Weine aus dem Bordeaux, Mode aus Paris, Uhren aus der Schweiz – beziehen, während Marken in der Regel auf einen Hersteller oder gar auf ein spezifisches Produkt verweisen: *made by a particular company*[2], wie Webster sagt, oder *particular kind of goods*[3] (Hornby). Auch hier ist der Bezug auf die Herkunft aus Sicht des Konsumenten vor allem dann sinnvoll, wenn sich damit Wissen über bestimmte Merkmale der Waren verbindet. Es ist eben unleugbar nützlich, Produkte wiederzuerkennen und gleichzeitig zu wissen, ob sie subjektiv gesehen gut oder schlecht sind.

## Der Unterschied macht's

Wie bis hierher gezeigt, hat Marke viel mit Grenzziehung zu tun. Als Warenzeichen helfen Marken, Produkte untereinander abzugrenzen. Etwas, das umso wichtiger zu werden scheint, je mehr Produkte der gleichen Gattung auf dem Markt sind, die sich in ihren wesentlichen Eigenschaften ähneln. Das Problem der Unterscheidbarkeit – beziehungsweise der Nichtunterscheidbarkeit – hatten schon die Cowboys in der Welt von *Red River*: Wie soll man unter Tausenden von Rindern erkennen können, wem welches Rindvieh gehört? Das Markieren der Tiere stellt in dieser Situation eine einfache Lösung für ein einfaches, rein quantitatives Problem dar: die Zuordnung – und Zählbarmachung – einer Menge gleichartiger Objekte zu einer begrenzten Gruppe von Eigentümern. Dem entspricht übrigens auch die Simplizität der ökonomischen Situation in der dargestellten Welt dieses Westerns, die sicher auch ein Stück amerikanischer Wirtschaftsrealität kurz nach dem Zweiten Weltkrieg widerspiegelt. Einem großen Angebot an Rindern im Süden steht eine riesige Nachfrage im Norden gegenüber, und das zu lösende Problem besteht lediglich darin, Angebot und Nachfrage zusammenzubringen.

Krasser könnte der Gegensatz zu der Situation, in der Marken heute funktionieren müssen, gar nicht sein. Eine unüberschaubare Menge an Nachfragenden muss aus einer nicht mehr zu überblickenden Anzahl an Angeboten auswählen und gleichzeitig entscheiden, welches der Angebote für sie das beste ist. Und weil dabei davon auszugehen ist, dass sich die einzelnen Angebote nicht nur hinsichtlich des Preises, sondern auch in Bezug auf ihre Merkmale und Qualitäten unterscheiden, dient zunächst einmal die Markierung dazu, über die Unterschiede Auskunft zu geben. Durch das Hinzutreten des qualitativen Aspektes wird die Sache also zusätzlich deutlich komplizierter.

Bleiben wir im Bild: Stellen wir uns die Rinderherde aus *Red River* vor: Die Rinder stammen – Herkunft! – von 20 unterschiedlichen Ranches und tragen entsprechend 20 unterschiedliche Brandzeichen. Jeder Rancher behauptet nun von seinen Rindern gewisse Besonderheiten: Der eine, ihr Fleisch sei besonders saftig, der andere betont die Magerkeit des Fleisches, der dritte seine Würzigkeit, weil auf seinen Weiden ganz viele Kräuter wüchsen, der vierte behauptet nichts dergleichen, ist aber billiger als die anderen. Ihnen gegenüber stehen Hunderte von Abnehmern – Metzger, Restaurantbesitzer, Einkäufer von Kantinen und Märkten –, die sich nun überlegen sollen, welche Rinder sie kaufen wollen, und denen es in einem Punkt genauso geht wie zuvor den Cowboys: Die Rindviecher sehen sich alle verdammt ähnlich!

In dieser Situation wird das Markenzeichen in seiner Funktion und Bedeutung beachtlich aufgeladen: Es sagt nicht mehr einfach aus, wem eine Ware gehört – und an wen ich mich folglich wenden müsste, um sie zu erwerben –, sondern es informiert über eine ganze Reihe möglicher Eigenschaften dieser Ware, die ich ihr rein äußerlich nicht ansehen kann. Das Markenzeichen verweist nicht mehr nur auf den Besitzer, sondern auch auf die Ware selbst und ihre Merkmale.

Nehmen wir an, die Prozedur wiederholt sich jährlich. Im ersten Jahr haben sich die Käufer aufgrund verschiedener Präferenzen und der Aussagen der Viehproduzenten irgendwie entschieden. Der Restaurantbesitzer, der das würzige Rind gekauft hatte, war sehr zufrieden und sucht nun gleich wieder nach einem Rind mit dem entsprechenden Zeichen. Ein anderer fand das saftige Rind nicht saftig genug und sieht sich nach etwas anderem um. Der Einkäufer einer Wellnessklinik sucht wieder nach dem Zeichen für das Magerrind. Von den Billigkäufern waren viele ebenfalls zufrieden und suchen nach ihrem Brand. Andere dagegen wollen diesmal etwas anderes. Natürlich unterhalten sich die Käufer untereinander, tauschen Erfahrungen aus, streiten sich über unterschiedliche Eindrücke, geben sich gegenseitig Empfehlungen. Nach einigen Jahren ergibt sich ein gewisses Muster. Bestimmte Käufergruppen orientieren sich an bestimmten Brands. Aber alle, die auf diesem Rindermarkt regelmäßig einkaufen, haben auch ein Wissen über die Bedeutung der Markenzeichen, die sie gar nicht kaufen. Sie wissen nicht nur, welche Eigenschaften die einzelnen Brands haben, sondern auch, welche Kollegen welche Marken mit welcher Begründung bevorzugen.

Die Geschichte unseres fiktiven Rindermarktes ließe sich mit steigender Komplexität fortspinnen. Aber an dieser Stelle sollte bereits klar sein, welche vielfältigen Unterscheidungsleistungen die ehemaligen Brandzeichen nun als Markenzeichen erbringen. Sie machen es möglich, Strukturen in einem zunächst sehr unübersichtlichen Markt zu erkennen, indem sie Unterscheidungen markieren. Die Informationen für diese Unterscheidungen stammen dabei aus zwei Quellen: den Äußerungen der Produzenten auf der einen Seite, aber auch aus den Gesprächen der Käufer und ihrer gegenseitigen Beobachtung auf der anderen Seite. Beide Seiten und die Relation zwischen ihnen bewirken eine Aufladung der Markenzeichen mit Bedeutungen, die weitgehend geteilt werden.

Im Laufe der Geschichte wird es dabei immer wichtiger, dass die Markenzeichen selbst sich wirklich klar unterscheiden, und zwar sowohl an der Oberfläche als auch in ihren Bedeutungen: Man will sofort erkennen können, ob es sich um die Marke der Wahl handelt, und keinesfalls *sein* Rind mit einem anderen verwechseln. Man möchte aber auch, dass die Unterschiede zwischen den Produkten klar genug und relevant sind, weil man sonst mit der ganzen Suche von vorne beginnen müsste. Wobei meine Rindergeschichte der Einfachheit halber stillschweigend unterstellt hat, dass diese Unterschiede vielfach tatsächlich existieren – etwas, das wir in der Realität von Marken und Märkten leider nicht immer finden werden.

# Das Markenzeichen

## Die materielle Seite des Markenzeichens: Die Signifikanten

Wie alle anderen Zeichen weisen auch Markenzeichen immer zwei Komponenten, den Signifikanten und das Signifikat, auf. Der Signifikant ist die materielle, wahrnehmbare Komponente des Zeichens. Wenn man ein Zeichen realisiert, also in irgendeiner Form äußert, muss man Schallwellen erzeugen, Druck ausüben, Tinte aufs Papier bringen oder Pixel auf einem Bildschirm anordnen etc., damit das Zeichen wahrgenommen und bestenfalls sofort und unzweideutig erkannt werden kann. Dabei kann die Gestalt von sprachlichen Signifikanten im Rahmen bestimmter Toleranzen erheblich schwanken. Damit das im Alltag funktioniert, haben Zeichensysteme Strategien der Absicherung wie zum Beispiel Redundanz und Kontext in der natürlichen Sprache. Da jeder Mensch Wörter ein wenig anders ausspricht, spielen bei der Identifikation der einzelnen Zeichen die Situation und die inhaltliche wie grammatikalische Beziehung zu anderen Wörtern eine hilfreiche Rolle. Hinzu kommt die Strategie der Wiederholung und Variation – Redundanz –, die dafür sorgt, dass ein Wort am Ende richtig erkannt wird. Fehlen solche Elemente, kann es zu Fehldeutungen kommen: Ein Comedian namens Alain erzählt, dass in der Aussprache seines indischen Freundes sein Name immer wie »Allah« klinge, was an sich kein Problem sei, nur einmal am Flughafen, als sein Freund ihm schon von Weitem laut »Allaaaah« zugerufen habe, habe er damit für reichlich Aufregung gesorgt.

Um nun sicherzustellen, dass ein Zeichen unabhängig vom Kontext und ohne Wiederholung sofort erkannt, zugeordnet und eindeutig verstanden wird, müssen noch andere Strategien angewendet werden: Im Straßenverkehr haben wir es aus gutem Grund mit scharf konturierten Zeichengestalten zu tun, die aus wenigen, hart umrissenen Elementen zusammengesetzt sind und die mit starken Farben und Kontrasten arbeiten und sich ganz klar voneinander unterscheiden.

Markenzeichen – insbesondere Logos – werden ebenfalls so konzipiert, als ginge es um Leben und Tod. Das Schlimmste, was aus Sicht eines Marken-Owners passieren kann, wäre die massenhafte Verwechslung seines Logos mit dem eines Konkurrenten. Signifikanten von Markenzeichen werden mit Akkuratesse entworfen und reproduziert. Nur durch immer genau gleiche Reproduktion taugen sie als Markenzeichen. Deshalb wird exakt festgelegt, in welcher Art und Weise die entsprechenden Signifikanten zu realisieren sind: Form, Proportion bei Skalierung, Farbcodes, Abstände – jede Kleinigkeit wird definiert und strengen Anwendungsregeln unterworfen, damit das Logo immer gleich erscheint, ganz egal ob auf dem Produkt, der Verpackung, im Druck oder in digitalen Medien. Gleiches gilt selbstredend für die Schriftgestalt im Markenzeichen sowie Markennamen und in allen anderen mit der Marke verknüpften zeichenhaften Elementen: Druckformate, Positionierung bei der Darstellung etc.

»Trivial!«, werden viele sagen, Marketingmenschen sowieso, für die das Corporate Design so heilig ist wie der Gral für einen mittelalterlichen Rittersmann. Die eindeutige, scharf definierte Reproduktion und Reproduzierbarkeit der Markenzeichen ist eine fundamentale Bedingung für Einprägsamkeit und Unverwechselbarkeit. Daneben gibt es noch eine Reihe pragmatischer Gründe für diese definitorische Klarheit: Sie erleichtert die Kommunikation und Zusammenarbeit im Marketingbereich, sie hilft, Rechtsstreitigkeiten zu vermeiden, sie mindert Herstellungskosten, schützt vor Fälschbarkeit etc.

Weniger trivial aber ist, dass diese völlige formale Gleichartigkeit der Logos, das Auftreten des Markenzeichens als eine Flut identischer Kopien auch eine inhaltliche, semantische Funktion hat, die über die Wiedererkennbarkeitsfunktion hinausreicht. Das Selbstidentische des Markenzeichens, seine massenhafte Präsenz in exakt gleicher Kopie erzählt nämlich auch immer davon, dass man von allem, was mit diesem Markenzeichen verbunden ist, ebenfalls erwarten darf und kann, dass es immer gleich bleibt.

Die Selbstähnlichkeit des Logos verweist auf die prinzipielle Selbstähnlichkeit der mit ihm gekennzeichneten Produkte: Eines ist so wie das andere, und auch das nächste wird wieder ganz genauso sein. Die unverrückbare Gestalt der Markensignifikanten allein bedeutet im Kontext der Markenökonomie bereits selbst etwas: Sie verweist auf Konstanz, Erwartbarkeit, Kontinuität, Verlässlichkeit, Zuverlässigkeit, Gleichartigkeit, Reproduzierbarkeit – eben auf Identität.

## Identität und Selbstähnlichkeit

Identität kann nur durch Grenzziehung und Abgrenzung kommuniziert werden. Das zeigt, dass Identität auf die Anwesenheit anderer, die vergleichbar und gleichzeitig verschieden sind, angewiesen ist. Und belegt erneut die Notwendigkeit, Marken immer systemisch und im Zusammenhang anzuschauen.

Gerade die Geschichte der Veränderungen, die Logos langlebiger Marken im Laufe der Zeit mitgemacht haben, und die Art und Weise, in der solche Anpassungen stattfinden, offenbart die Wichtigkeit beider Aspekte, die sich schon auf der Signifikantenebene des Markenzeichens ausdrücken: Sie markieren bereits an der Oberfläche Differenz und erzählen gleichzeitig von Wiederholbarkeit und Kontinuität. Bewundernswert ist die Arbeit von Grafikdesignern und Typografen, denen es gelingt, solche oftmals kaum merklichen, eher intuitiv erfassbaren Anpassungen an sich verändernde Wahrnehmungsgewohnheiten und ästhetische Modelle in der Kultur erfolgreich vorzunehmen.

Umso brisanter und aussagekräftiger werden vor diesem Hintergrund unverkennbare Relaunches von Markenzeichen. Aus einem Spruch wie »Rider heißt jetzt Twix, sonst ändert sich nix!« würde ich folgern, dass hinten in Virginia der neue Marketing Director auf den Tisch gehauen hat, damit konzernweit endlich globale Marken durchgesetzt und die Kampagnen ab jetzt zentral gesteuert werden und daher hierzulande Millionen in die Werbekanäle gepumpt werden mussten. Der Spruch hat sich jedenfalls eingeprägt und findet immer noch Verwendung, um auszusagen, dass etwas absolut folgenlos bleibt oder total egal ist.

Bedenkenswerter sind da schon die Fälle, in denen offenbar andere Hintergründe dazu führen, dass ein Markenzeichen sein

»Gesicht« unübersehbar verändert. Als Verbraucher sind wir fast alle stockkonservativ«, schreibt der Werber Rainer Baginski. Und weiter: »Als Konsument will ich von meinen Marken eine gewisse, auch langfristig gesicherte Ordnung haben. Ich will Markenautorität […] Markenartikel sind – bei allen Modifikationen, denen sie unterzogen werden – Ikonen der Unveränderlichkeit.«[4]

Die sichtbare Oberfläche, der semiotische Anker dieser Ikonizität ist in jedem Falle der Signifikant des Markenzeichens. Und wenn mit diesem eine unübersehbare Veränderung vorgeht, dann ist das allein schon eine Botschaft. Nehmen wir *Apple*. Jedes Kind kennt den Namen und das Logo, die weiße Silhouette eines angebissenen Apfels mit dem kleinen, schräg gestellten Blättchen darüber. Als aus dem *Apple*-Logo plötzlich die Regenbogenfarben verschwanden, war das eine signifikante Transformation.

Den Fans der Marke wurde damit schlagartig zu Bewusstsein gebracht, dass sich die Zeiten geändert hatten. Wie auch immer man die Veränderung im Einzelnen interpretieren mochte, das neue, einfarbige Logo markierte einen Schritt in der Entwicklung, und Interessierte wussten, dass der ehemalige Gründer Steve Jobs wieder mitmischte, der zwischenzeitlich die Firma *NeXT* gegründet hatte und das Betriebssystem *NeXT Step* von dort mitbrachte. Einen Traditionsbruch zu signalisieren macht durchaus Sinn, wenn er gleichzeitig mit einem Fortschritt assoziiert werden kann, und die Marke *Apple* hatte zu jener Zeit wenig zu verlieren und viel zu gewinnen. Eine gravierende, unverkennbare Transformation des Markensignifikanten allein schon kann also als Anzeichen dafür gewertet werden, dass irgendwo in der Firma der Baum brennt (oder die Marke ihren Owner gewechselt hat).

Die Mehrheit der Marken tritt mit einem Zeichenduo aus Logo und Namenszug auf. Ikonizität und grafische Prägnanz sind aber auch bei denjenigen Markenzeichen ausgeprägt, die beides in eins fallen lassen: *Siemens* oder *Deutsche Bahn* machen aus ihrem Namen beziehungsweise ihren Initialen gleichzeitig ein Logo. Der Namenszug ist dann in Farbe, Typografie und Proportionen sind auffällig und aufwendig gestaltet; er gewinnt grafische Qualität und nähert sich dem Piktogramm an. Der *Coca-Cola*-Schriftzug ist dafür das vielleicht populärste Beispiel: Die Schrift ist geradezu verschwenderisch ornamental, die Luxusausgabe einer Schrift. Der Markenname in dieser Form ist gleichzeitig Name und Logo. Überhaupt tendieren die Signifikanten von Markenzeichen dazu, Bildlichkeit und verbale Benennung zu koppeln. Entweder finden wir da einen Namen, der auch eine starke bildlich-visuelle Komponente hat, oder wir finden ein Piktogramm und einen typografisch gestalteten Namen, die gemeinsam auftreten und sich fallweise gegenseitig substituieren können. *Coca-Cola* liefert darüber hinaus mit der – übrigens gestalterisch immer wieder gelifteten – Flasche ein prominentes Beispiel dafür, dass auch Verpackungsdesign nach solcher Differenzierung und Zeichenhaftigkeit strebt.

Auf dieser grundlegendsten Ebene zeigt sich bereits etwas, das Marken insgesamt auszeichnet: Sie neigen zu Überdetermination. Sie treiben auf jeder Ebene hohen Aufwand, um Kommunikationsfunktionen abzusichern: Wahrnehmbarkeit, Wiedererkennbarkeit, Wiederholbarkeit, Eindeutigkeit, Redundanz.

Der Aspekt der Redundanz, der permanenten Selbstwiederholung des Logos noch am Produkt selbst oder die Verschmelzung von Produktdesign und Logo belegen, wie sehr die Kommunikations- und Ausdrucksfunktion von Markenprodukten heutzutage an Gewicht gewinnt. *Dolce & Gabbana* integrierte seine Initialen in die Bügel von Brillengestellen und machte das Logo zum Bestandteil der Produktkonstruktion.

Gerade wenn besondere Wertigkeit ausgedrückt werden soll, drängt es Marken zur massenhaften Wiederholung des eigenen Logos oder Namens an der Oberfläche des Produktes: *Lindt* prägt seinen Namen auf jedes einzelne Stück der Schokoladentafeln und übernimmt damit eine Kommunikationsform, die man sonst nur von Patisserien kennt, die handwerklich Pralinen herstellen und jedes einzelne, wertvolle Stück siegeln. Auf diese Weise wird industriell hergestellte Ware in Manufakturware umsemantisiert. Eine Markenstrategie, die *Lindt* konsequent auch in der Werbung verfolgt, in der Schweizer Chocolatiers präsentiert werden, die in Handarbeit liebevoll ihre Produkte fertigen, die dann millionenfach in Supermärkten erworben werden können: Geheimnisse des Glaubens und der Reklame. *Louis Vuitton* wiederholt sein *LV* ornamental auf der Oberfläche seiner Taschen, Koffer und Börsen. Das Produkt selbst wird dabei zur Leinwand, auf der gebetsmühlenhaft die mystische Botschaft verkündet wird: Eine *Louis-Vuitton*-Tasche ist eine *Louis-Vuitton*-Tasche ist eine *Louis-Vuitton*-Tasche.

Auf diese Weise wird das Produkt selbst – und mit ihm der Käufer – zum permanenten Werbeträger für die Marke. Hat die Marke gerade noch vom Produkt erzählt, erzählt das Produkt nun fortwährend von der Marke und tritt hinter sie zurück. Und damit tritt auch der Gebrauchswert des Produktes hinter seine Kommunikationsfunktion zurück. Die Frage ist, was das Produkt als Medium – und mit ihm sein Besitzer – der Welt dabei Wichtiges mitzuteilen hat.

## Die Bedeutung des Markenzeichens:
## Das Signifikat

Der materialisierbaren Gestalt eines Zeichens – dem Signifikanten – steht seine Bedeutung gegenüber – das Signifikat. Jedes Zeichen verweist auf ein spezifisches Wissen, das ich mit mindestens einem Kommunikationspartner teilen können muss. Die Minimalbedingung für die Zeichenexistenz von etwas sind seine kernprägnante Reproduzierbarkeit und ein von wenigstens zwei Personen geteiltes Wissen, um mit der Äußerung des Signifikanten auf wenigstens ein Merkmal verweisen zu können, das propositional ausgedrückt werden kann. Das heißt: Die Bedeutung eines Zeichens muss in eine Reihe anderer Zeichen übersetzbar sein. Genauso funktioniert ein übliches Wörterbuch: Es erklärt Lexeme durch andere Lexeme und listet diejenigen Merkmale auf, die als die Minimalbedeutung eines Wortes angesehen werden können und von denen man folglich annehmen kann, dass sie von der Mehrheit einer Kultur gewusst und geteilt werden. Eine solche Grundbedeutung, die alle anderen Sprachteilnehmer kennen, wird in der Semiotik »Denotat« genannt. Ein Lexikonbeitrag liefert im Vergleich dazu mehr Wissen über die Bedeutung eines Zeichens. Und ein Fachlexikon noch mehr. Was ein Zeichen alles bedeuten kann, hängt also stark davon ab, in welcher Gruppe und in welchem Kontext es aktualisiert wird. Und selbstverständlich geht es dabei nicht nur um Wissen, das in klugen Lexikonbeiträgen landet: Tagtäglich tauschen sich Menschen mithilfe von Zeichen aus, verknüpfen mit ihnen Erfahrungen, Erlebnisse, Eindrücke, Geschichten – und damit auch Beschreibungen, Erklärungen, Bewertungen. Vieles von dem, was da »gewusst« und mit dem Zeichen verknüpft wird, hat das Potenzial, in die allgemein geteilte Bedeutung eines Zeichens einzufließen. Das ist mit ein Grund dafür, warum sich die Bedeutungen von Zeichen kontinuierlich und zum Teil auch massiv ändern. Mögen wir heute ein Auto »geil« finden, für einen Menschen aus dem 17. Jahrhundert waren dies nur Pflanzen, die gerade dabei waren, auszutreiben.

Wörterbücher müssen also permanent überarbeitet und neu aufgelegt werden: Eine Merkmalszuschreibung, die in der kommunikativen Verwendung eines Zeichens nach und nach zum Allgemeingut wird, taucht erst mit zeitlicher Verzögerung in den Lexika auf. Zudem können im Alltagsgebrauch auch durchaus unterschiedliche, ja widersprüchliche und gegensätzliche Merkmale mit ein und demselben Zeichen verknüpft sein. Dass man mit bestimmten Zeichen höchst differierende Betrachtungen, Erfahrungen und Bewertungen verknüpfen kann, macht ja semiotische Kommunikation erst wirklich spannend und fruchtbar: Für den einen ist der Schal des *FC Bayern* lediglich ein Mitbringsel, das an seinen München-Besuch erinnern soll. Für den anderen ist er Ausdruck innigsten Fantums und der Liebe seines Lebens. Für den Dritten ist er ein rotes Tuch und Symbol tiefster Verachtung. Wichtig ist nur, dass man sich beim Austausch der Zeichen sicher sein kann, dass alle von derselben Sache sprechen: Darum ist die denotative Bedeutung des Zeichens von so immenser Wichtigkeit für das Funktionieren von Kommunikation.

Interessanterweise können wir einem Markenzeichen schon rein äußerlich ansehen, dass es eines ist. Selbst wenn wir nicht wissen, was das Zeichen sonst noch bedeutet, wissen wir angesichts eines Markenlogos fast immer intuitiv: Das ist ein Markenzeichen. Wenn wir es ein paarmal an einschlägigen Stellen gesehen haben – an Geschäftsgebäuden, Bürogebäuden, auf Werbeflächen, Einkaufstaschen oder Kleidungsstücken – und wenn das Zeichen auffällig und immer exakt gleich gestaltet ist, haben wir ein nahezu sicheres Indiz für das Vorhandensein eines Markenzeichens.

Auch im Gespräch wird sich uns erschließen, dass von einer Marke die Rede ist, selbst wenn wir noch nie von ihr gehört haben. Stellen wir uns vor, an zwei Personen, Herrn A und Frau B, fährt ein Auto vorbei, das A auffällt, weil er diese Marke noch nie gesehen hat. Auf seinen fragenden Gesichtsausdruck hin sagt B: »Das ist ein *Tesla*.« B hätte in dieser Situation eine ganze Reihe von Möglichkeiten gehabt, A ins Bild zu setzen: »Das ist ein Elektroauto!« Oder: »Das ist ein Luxusschlitten.« Oder auch: »Das ist ein Sportwagen.« Sie hätte auch all das auf einmal sagen können: »Das ist ein Oberklasse-Elektro-Sportwagen.« Das wäre für A schon sehr informativ gewesen. Warum aber äußert B stattdessen den Markennamen *Tesla*? Sie ist offenbar der Meinung, dass A aufgrund kulturellen Wissens und sprachlogischer Deduktionen pragmatisch folgern wird, dass *Tesla* ein Markenname für ein Auto ist. Schließlich sind wir es in der kulturellen Praxis gewohnt, Automobile durch Nennung des Markennamens zu klassifizieren – und deshalb erweitert B den Markenwortschatz von A.

Offenbar ist B auch der Meinung, dass sie mit der Nennung des Markennamens am effizientesten informieren und A sich auf dieser Grundlage weiteres Wissen selbst aneignen kann.

Sogar in Abwesenheit von Produkten oder dienstleistenden Operationen können wir aufgrund der Struktur einer Äußerung (sprach)logisch darauf schließen, dass es sich um Markennamen handelt. Jemand sagt zum Beispiel: »Ich mag CountryGlück lieber als OriginalMöhler's!« – was auch immer die ursprünglich von einem gewissen Möhler hervorgebrachte Leistung sein mag und welche Beglückung durch oder für den ländlichen Raum auch immer mit CountryGlück verbunden werden soll – es gibt nur eine vernünftige Erklärung für diese Aussage, nämlich die, dass es sich hier um zwei Marken derselben Produktgattung handeln muss.

Markenzeichen können also ohne ein spezifisches Vorwissen pragmatisch als solche identifiziert werden, einfach durch Merkmale, die allen Markenzeichen gemein sind, aufgrund ihres Vorkommens und Auftretens in bestimmten Kontexten und ihrer Verwendung in Alltagskommunikationen. Wird ein Zeichen als Markenzeichen identifiziert, heißt das zugleich, dass es als Teil der Ökonomie auf einen Marken-Owner, der im wirtschaftsrechtlichen Sinne eine Firma sein muss, hindeutet und infolgedessen auch nur unter bestimmten, streng definierten und juristisch sanktionierbaren Restriktionen verwendet werden darf. Es verweist auf eine Ware und/oder Dienstleistung, die man kaufen kann und die sich verknüpfen lässt mit anderen Waren und/oder Dienstleistungen und anderen, allgemein zugänglichen Äußerungen.

Kurz gesagt: Wir können davon ausgehen, dass ein Markenzeichen grundsätzlich mit einer ganzen Menge »Text« verknüpft ist und überall da Verwendung findet, wo entsprechende Waren und Unternehmen für Gesprächsstoff sorgen. Markenzeichen sollen also nicht in der Sphäre der Ökonomie verharren, sondern Bestandteil der Alltagskommunikation werden. Daher auch die Multiplikation des Zeichens auf Verpackungen, an Läden, auf Firmenwägen und Einkaufstaschen, Werbegeschenkkrimskrams, als Sticker und vieles mehr. Damit öffnet sich das Markenzeichen automatisch auch anderen als nur ökonomischen Verwendungen – als Statement, als Ornament etc.

Der Preis für Verbreitung und Bekanntheit einer Marke ist allerdings immer auch der zunehmende Verlust der Kontrolle über die Bandbreite der Bedeutungsaspekte der Marke: Der Zeichen-Owner kann die Variationen der Markensemantik von dem Moment an, da sich die Produkte mit seinem Logo verbreiten, nicht mehr umfassend kontrollieren. Das gilt vor allem auf der Ebene der Äußerungen: Was immer der Zeichen-Owner äußert oder äußern lässt, wird mit anderen Äußerungen verknüpft werden können, auf die der Zeichen-Owner keinen Einfluss nehmen, auf die er allenfalls reagieren kann, sofern sie ihm überhaupt zur Kenntnis gelangen. Jede Beschreibung des Produktes, jede Information, die der Zeichen-Owner lanciert, kann bestätigt, aber auch ganz oder teilweise negiert, verändert oder ergänzt werden von Leuten, die sich auf welchem Wege auch immer ein anderes Bild gemacht haben.

Wieder gilt, was ich schon im Zusammenhang mit den Lexemen und den Wörterbüchern gesagt habe: Die Bedeutung eines Zeichens transformiert sich letztlich über seinen Gebrauch. Der Owner des Markenzeichens gleicht insofern dem Verfasser eines (Mini-)Lexikons, der die Grundbedeutung der dort versammelten Zeichen definiert. Ein Nachfolger, der aus der Beobachtung des Gebrauchs dieser Zeichen später ein neues Lexikon verfasst, wird aber andere Bedeutungsmerkmale finden und diese in sein Werk aufnehmen. Und damit bleibt *Persil* eben nicht *Persil*.

Was ich bis hierhin aufgelistet habe, umschreibt im Prinzip die Grundbedeutung eines beliebigen Zeichens, das als Markenzeichen identifiziert werden kann. Sobald ein Markenzeichen als solches wahrgenommen wird, existiert also bereits eine ziemliche Fülle an kulturellem Wissen, das der Rezipient potenziell abrufen kann. Was aber ebenfalls deutlich geworden sein müsste, ist, dass es immer unterschiedliche Sender und Äußerungen sind, die an dem Prozess der Etablierung und Veränderung der Markenbedeutung beteiligt sind. Was eine Marke aussagt, definiert nicht der Marken-Owner allein. Die »Botschaft« einer Marke ist immer eine gemeinschaftliche Angelegenheit.

## Spezifische Markenbedeutungen: Denotate, Konnotate und Assoziationen

Die Grundbedeutung einer Marke findet sich zunächst auf der Ebene des Denotats in ganz sachlichen Merkmalen: Sehen wir das Logo von *BMW*, wissen wir, dass es sich um eine Automarke handelt. Schlägt man »BMW« im *Duden* nach, wird dort »Bayerische Motoren Werke« ausbuchstabiert, womit auf die Herstellerfirma verwiesen ist. Im Denotat der Marke *BMW* kommt also eine Herstellerproposition vor. Auch das ist nicht selbstverständlich: Ein Großteil der *Snickers*-Fans zum Beispiel erfuhr womöglich erst, welche Firma ihren Lieblingsriegel herstellt, als es Anfang 2016 eine große Rückrufaktion des Herstellers gab, von der neben *Snickers* auch die Marke *Mars* betroffen war, beides Produkte des Mutterkonzerns *Mars Incorporated*, der neben Süßwaren auch Tierfutter herstellt. Ein Schelm, der Böses dabei denkt.

Mit dem Denotat eines Markenzeichens verbindet sich also im Normalfall Wissen über Art und Klasse der damit bezeichneten Produkte – Auto, Kraftwerke, Süßwaren, Spülmittel, Elektronik, Software etc. – und der entsprechenden Branchenzuordnung.

Der Verweis auf den Hersteller ist nur fakultativ: Manchmal ist dieser Verweis essenzieller Teil der Grundbedeutung der Marke, oft aber fehlt er auch. Da der Preis in der Ökonomie von besonderer Bedeutung ist, gehört auch die entsprechende Merkmalszuschreibung zum Denotat fast aller Marken: Ob eine Marke teuer, preiswert oder billig ist, gehört zum Basiswissen über sie und damit zu ihrer Grundbedeutung. Gleiches gilt für die Verfügbarkeit und damit den Exklusivitätsgrad von Produkt und Marke. Wenn *Mon Chéri* wegen der angeblich verwendeten »Piemontkirschen« in schöner Regelmäßigkeit saisonal vom Markt verschwindet, um dann ebenso regelmäßig Wiederauferstehung zu feiern, soll damit solches Knappheitswissen konstruiert werden. Andere Marken verbinden sich darüber hinaus fest mit bestimmten Eigenschaften, Spezialisierungen, Produktmerkmalen: *Tesla* baut Autos, aber grundsätzlich keine Autos mit Benzinmotor, sondern ausschließlich mit Elektromotor. *Ritter-Sport*-Schokolade ist immer quadratisch, und der *Porsche 911* hat im Grunde seit Jahrzehnten die gleiche, unverwechselbare Gestalt.

Solche Merkmale sind intersubjektiv nachprüfbar. Interessant wird es, wenn Zuschreibungen qualitativer Art zum festen Bestandteil des Denotats eines Markenzeichens werden. Unter den Bedingungen heutiger Ökonomie kommt es kaum mehr vor, dass ein Produkt alternativlos ist und durch ein herausragendes Qualitätsmerkmal wie etwa das der »Zuverlässigkeit« und »Robustheit« vom *VW Käfer* allgemeine Anerkennung findet. Diese Zeiten sind lange vorbei.

Dabei streben Marken grundsätzlich danach, mit qualitativen Merkmalen wie elegant, schön, sportlich, erregend, gesund, befreiend, beflügelnd etc. gekoppelt zu werden und sie als Bestandteil der Bedeutung des Markenzeichens zu festigen. Tatsächlich können solche Merkmale mit dem Markenzeichen verbunden werden, aber immer nur von Teilgruppen der Konsumentenschaft und das oft auch nur in bestimmten Kontexten und Situationen – andere Konsumenten und andere Gruppen verbinden anderes, manchmal sogar genau das Gegenteil mit der Marke. Semiotisch gesehen spricht man dann von Konnotaten beziehungsweise konnotativen Merkmalen. Was solche Konnotate von rein subjektiven Assoziationen unterscheidet, ist das Wissen der Beteiligten, dass die Zuschreibungen weitverbreitet und durchaus sehr unterschiedlich sind. Die Markenexpertin und Linguistin Inga Ellen Kastens hat dies in einer Studie an den unterschiedlichen Semantisierungen der Marke *BMW* vorgeführt:[5] Verbinden die Bewunderer mit der Marke Dynamik, Sportlichkeit, Potenz, assoziieren Kritiker eher Rücksichtslosigkeit, Angeberei, Machismus. Semiotisch gesehen gehört aber die Gesamtmenge der genannten Zuschreibungen zum Konnotat des Markenzeichens *BMW*, nicht zuletzt auch deshalb, weil die Gesamtheit der Zuschreibungen in allen Lagern bekannt ist.

Marketingleute und Werber, denen es bei der Markenkommunikation erklärtermaßen darum geht, bestimmte Assoziationen bei den Konsumenten auszulösen, sind immer noch stark von individualpsychologisch ausgerichteten Vorstellungen getrieben. Dagegen gilt es aus semiotischer und auch sozialpsychologischer Sicht, die kommunikativen Aspekte von Marken ins Auge zu fassen. Erst die durch Kommunikation entstehende Bedeutung macht die Marke. Einem – wie auch immer verkaufs- oder werbepsychologisch ausgeklügelten – Input durch den Marken-Owner wird niemals ein vorauszuberechnender Output an Verstehen, Bedeutungszuschreibung und entsprechendem Verhalten von Konsumenten folgen.

# Was ist eine Marke?

Ein Markenzeichen für sich genommen drückt erst einmal wenig aus. Bedeutung erhält es erst in der Verbindung mit einer konkreten Ware, die gehandelt, gekauft und genutzt wird und mit der Menschen Erfahrungen sammeln. Ware und Markenzeichen werden in und durch Kommunikation – in Form von sachlichen oder werblichen Beschreibungen, Berichten, Anekdoten, Geschichten – semantisch aufgeladen.

Damit etwas Marke werden oder sein kann, bedarf es zum einen einer warenförmigen und wiederholt angebotenen Leistung, die ausgestattet ist mit mindestens einem relevanten, zuverlässig wiedererkennbaren Merkmal. Zum anderen bedarf es einer auf diese Leistung und ihr Markenzeichen bezogene Kommunikation – und zwar nicht nur in Form von Äußerungen des Marken-Owners, sondern notwendig auch von Äußerungen von Konsumenten. Mit einer Marke verbinden sich anders gesagt durch Kommunikation erzeugte Erwartungen, die verfeinert, transformiert, ergänzt und regelmäßig erfüllt werden müssen – und zwar unabhängig davon, ob Marken groß oder klein, mit vielen Merkmalszuschreibungen versehen sind oder nur mit wenigen, ob sie lediglich lokal existieren, regional bekannt werden oder überregionale Bedeutung erlangen.

Marken können sogar so populär werden, dass der Markenname als Synonym für eine ganze Klasse von Produkten gebraucht wird: »Gib mir bitte schnell mal ein Tempo!« Damit ist nicht unbedingt ein Papiertaschentuch der Marke *Tempo* gemeint, sondern allgemein ein Taschentuch aus Zellstoff in einer bestimmten Größe und mit einem gewissen Maß an Reißfestigkeit. Es sind wohl vor allem Marken von Gütern des täglichen Ge- und Verbrauchs, die es schaffen, in der Alltagskommunikation als Klassenname verwendet zu werden, nicht zuletzt dort, wo wie in Küche und Kinderzimmer Verständigung schnell gehen, »auf Zuruf« funktionieren muss. Dies sind die Domänen singularisierender Synekdochen wie *Tempo, Spüli, Pampers* oder – ein Begriff, der es sogar in den *Duden* geschafft hat – *Tesa*.

Solche Marken, die in ihrer Produktklasse einen allgemeingültigen Standard gesetzt haben, sind schließlich auch zum semantischen Standard geworden: Das Denotat ihres Markennamens ist die Menge ihrer allgemein anerkannten Merkmale, verweist aber nicht mehr unbedingt auf den Hersteller oder das spezifische Produkt mit seinen besonderen Eigenschaften. Marktführer haben es manchmal wirklich nicht leicht.

Die Bandbreite von »markenfähigen« Leistungen ist nur durch die Bedingung der Wiederholbarkeit begrenzt: Wir denken bei Marken meistens sofort an Konsumartikel: Elektronik und Haushaltsmittel, Werkzeuge und Fahrzeuge, Nahrungsmittel und Kosmetika – an Produkte eben, die massenhaft hergestellt werden und die immer gleich sind. Aber schon im Bereich Mode haben wir eine deutliche Abweichung: Hier wechseln die Artikel in immer kürzeren Abständen Gestalt, Schnitt, Farbe, Materialien. Was hier eine Marke auszeichnet und eine Wiederholung erkennbar macht, sind – neben dem Preis – weniger fassbare

Merkmale wie Stil, Schnitt, Design. Bei Dienstleistungen wird die Sache noch schwieriger: Hier ist es unter Umständen eine bestimmte Methodik, ein bestimmtes Merkmal des Service oder womöglich auch nur die immer gleiche Art des Auftretens, die dazu führt, dass die erbrachten Leistungen Markencharakter bekommen.

Nehmen wir an, ein Möbelschreiner hat beschlossen, grundsätzlich nur Einzelstücke herzustellen, und sich dabei auch noch in den Kopf gesetzt, nie zwei gleiche Stühle, Tische, Betten oder Schränke zu bauen. Ein zuverlässiges Merkmal dieser Marke wäre dann, dass diese Marke nur Unikate hervorbringt – die der Schreiner alle an dezenter Stelle mit seinem Zeichen buchstäblich brandet. Was sich darüber hinaus wiederholt, ist etwas eher Abstraktes: eventuell der Umgang mit dem Holz, ein Design, das immer die Maserung des Materials aufnimmt. Ein weiteres – ganz konkretes – Merkmal wäre mit Sicherheit, dass die Stücke hochpreisig sind. Keine Massenmarke, aber eine mit guten Chancen, in gewissen Kreisen bekannt und Gesprächsthema zu werden.

Hier zeigt sich also schon, was alles nicht der Fall sein muss, damit etwas Marke sein kann: Eine Ware muss nicht überregional, international oder gar global auftreten. Sie muss, um Marke werden zu können, nicht in Massen produziert und angeboten werden und nicht unbedingt identisch reproduzierbare Oberflächenmerkmale besitzen – auch wenn das alles für die Mehrzahl von Markenprodukten zutrifft. Es ist ebenfalls nicht unbedingt erforderlich, dass eine Ware auf einen bestimmten Hersteller, eine bestimmte Herkunft, eine bestimmte Tradition verweist. Viele Marken tun dies mit Erfolg. Und viele Marken suggerieren in ihrer Werbung einen solchen Zusammenhang, obwohl er konkret gar nicht (mehr) in dieser Form zutrifft. Aber aus der Tatsache, dass es zu jeder aktuellen Marke auch einen Inhaber des Markenzeichens geben muss, folgt nicht, dass der Marken-Owner auch identisch mit einem bestimmten Hersteller oder Produkterfinder ist.

Überdies muss ein Angebot oder ein Markenzeichen auch nicht hochgradig emotionalisiert oder affektbesetzt sein, auch wenn Werbung mit ihren Versprechen oft genug gerade auf Emotionen baut. Menschen besetzen eher Objekte affektiv als eine Marke: Wer sein Auto »liebt«, tut dies aufgrund seiner individuellen Geschichte mit ihm. Erst eine ganze Ansammlung solcher Geschichten mit Fahrzeugen derselben Marke könnte eine Markenliebe erzeugen. Ebenso gut kann eine Marke aber mit sehr rationalen Erwartungen verknüpft werden und sich so profilieren.

Ein Angebot muss schließlich nicht im klassischen Sinne beworben werden: Werbung in Anzeigen, TV-Filmen oder im Internet, Radiospots, Plakataktionen oder auch »Schleichwerbung« in sozialen Medien ist keine notwendige Bedingung für Markenbildung. Unter den vielfältigen Möglichkeiten, Marketing zu betreiben, ist Werbung für den Marken-Owner lediglich eine Option. Viele Marken haben ihre Identität und ihren Erfolg ganz ohne übliche Werbemaßnahmen entwickelt. Unverzichtbar ist und bleibt dagegen, dass das Markenzeichen und die mit ihm verknüpften Inhalte in Alltagsdiskursen von Konsumenten vorkommen.

Schließlich noch ein wesentlicher Aspekt: Bei der Semantisierung eines Markenzeichens, dem Entstehen seiner Bedeutung in der Alltagskommunikation, spielen – wie gezeigt – viele verschiedene Einflüsse eine Rolle. Zur Markenbedeutung tragen viele bei, eine Markengeschichte wird immer von vielen Stimmen erzählt. Damit ist auch von vornherein klar, dass eine Markenbedeutung nicht vom Marken-Owner ein für alle Mal definiert werden kann, noch nicht einmal unbedingt definiert werden muss. Auf den Umstand, dass bei der Konstruktion einer Markensemantik immer auch die Konsumenten mitwirken, hat Inga Ellen Kastens bereits relativ früh hingewiesen und die Markensemantik als Durchschnittsmenge der Bedeutungszuschreibungen der »Sprachgemeinschaft« und denen der »Unternehmen« beschrieben.[6]

Zwar sind streng genommen auch die Marketingäußerungen der Unternehmen Produkte der »Sprachgemeinschaft«; Kastens zielt aber auch eher auf eine unterschiedliche Rollenverteilung und eine zeitliche Abfolge: Markenkommunikation sollte im Idealfalle auf einem konzisen semantischen Konzept fußen, das zunächst als »Vorlage« und Angebot vom Marken-Owner erarbeitet wird. Aber im Ergebnis kann Markenbedeutung wie gesagt nicht im Voraus bestimmt werden. Deshalb ist es letztlich unzutreffend, von Markensteuerung durch das Management oder eine Agentur zu sprechen. Markenführung ist immer eine diskursbegleitende Operation und hat demnach mindestens ebenso viel mit Reagieren wie mit Vorausplanen zu tun, sollte sich eigentlich mindestens so sehr mit Zuhören wie mit dem Verbreiten von Botschaften beschäftigen.

Dass vorurteilsbehaftete Vorstellungen über Marken weitverbreitet sind, hat nicht zuletzt damit zu tun, dass im populären Diskurs über Marken ebenso wie in der Fachliteratur fast immer auf das fokussiert wird, was man große beziehungsweise starke Marken nennt. Aufmerksamkeit und Interesse gelten damit einer relativ kleinen Gruppe von internationalen Marken, die viel

Werbeaufwand treiben und entsprechend einen hohen Bekannt-heitsgrad genießen. Damit geht ein gewisser emphatischer Mar-kenbegriff einher: Marken gelten in dieser Sicht erst als »richtige« Marken, wenn ihr Auftritt emotionsgeladen und pompös ist. Da-mit wird – meist ungeprüft – die Behauptung verknüpft, solche Marken müssten beim Konsumenten Begeisterung und andere starke Emotionen auslösen. Aber bei nüchterner Betrachtung trifft das höchstens temporär, wieder nur auf einen kleinen Teil der Käuferschaft und auch bei den starken Marken nur auf ei-nen Bruchteil zu: Es ist eine Sache, wenn Fans zum Verkaufsstart eines neuen *iPhones* vor dem *Apple*-Shop kampieren. Aber wann hat man Leute angesichts von Windeln und Putzmitteln, Geflü-gelwürstchen und Schokoriegeln in Verzückung verfallen sehen?

## Unterschiede, die (k)einen Unterschied machen

Aus kultursemiotischer Sicht sticht immer mehr ins Auge, dass mit der zunehmenden Fülle an Produkten und Dienstleistun-gen in den zunehmend vernetzten Märkten ein Engpass auf einer ganz anderen Ebene entstanden ist: Wir leiden – mitten im Überfluss der Waren – an einem Mangel an Unterschieden und Unterscheidungsmöglichkeiten. Adam Smith hat mit *Der Wohlstand der Nationen* den wohl bekanntesten Klassiker der ökonomischen Literatur geschrieben. Seine Theorien und Be-schreibungen zehren von einer Wirtschaftsrealität, die durch eine – produktiv zu machende – Ungleichverteilung von Res-sourcen gekennzeichnet war. Nicht nur Rohstoffe, sondern auch Wissen und Können waren dabei wesentliche Komponenten. Von einer solchen Ungleichverteilung kann aber heute im Hin-blick auf Wissen und Können kaum mehr die Rede sein.

Mit der ersten Stufe der Massenproduktion ab dem späten 18. Jahrhundert realisierte sich die Möglichkeit, dass in Regionen, in denen bestimmte Ressourcen und ein bestimmtes Knowhow vorhanden waren, Unternehmen bestimmte Klassen von Gütern massenhaft herstellen konnten. Das Wissen der Fabrikanten kreiste in der Region, führte dort zur Vermehrung gleichartiger Unternehmen und der Entwicklung von Branchen, zu Verbilligung und Preisdruck und schließlich zu Überschuss, der zum Export drängte. Der länderübergreifende Tausch der so produzierten Waren konnte im großen Stil in Gang kommen und schien für alle vorteilhaft. Genau diese Situation lag den Überlegungen von Adam Smith zugrunde. Massenproduktion und Massendistribution dehnen den Raum der Warenwelt und der Märkte in einem Maße aus, dass die Entfernungen zwischen den Akteuren sich nur noch mit komplexen Kommunikationsmedien überbrücken lassen. Die Entwicklung solcher Kommunikationsmittel erlaubt aber auch eine Fragmentierung und Orchestrierung der Produktionsprozesse, ein nahezu beliebiges Entkoppeln der an den ökonomischen Prozessen beteiligten Komponenten bei deren gleichzeitiger Weiterdifferenzierung und -spezialisierung. Das führt mit nur leichter Verzögerung zur Ubiquität von Wissen und Know-how. Können und Wissen verbreiten sich mit hoher Geschwindigkeit, und das führt paradoxerweise dazu, dass da, wo sich auf der einen Seite die räumlichen Distanzen ausdehnen, auf anderer Ebene alle näher zusammenrücken und bisher geltende Unterschiede dahinschmelzen. Was früher einer oder nur wenige konnten, können nun viele oder nahezu alle.

In der Konsequenz führt also der Erfolg der regionalen industriellen Spezialisierung dazu, dass jede Industrieregion potenziell in der Lage ist, alle Industriegüter auch massenhaft zu fertigen:

Denn auch die Fähigkeit zur Fertigung lässt sich exportieren und auf alle zur massenhaften Herstellung geeigneten Güter anwenden. Heute kann praktisch jedes Unternehmen jedes beliebige Produkt massenhaft herstellen und dies in einer Qualität, die den geltenden Standards genügt und die kulturell definierten Funktionen jeweils erfüllt. Japans, Südkoreas und später Chinas Wirtschaftsgeschichte ist ein bezeichnendes Beispiel dafür.

Diese Entwicklung lässt sich aber auch als die Geschichte der stufenweisen Einebnung von Unterschieden erzählen: zunächst die der Angleichung von Unterschieden zwischen Produkten verschiedener Hersteller aus derselben Region, dann die der Unterschiede zwischen den Produkten aus verschiedenen Regionen. Am Ende stehen überregional aktive Firmen und Branchen, die in dem, was sie tun und was sie besonders gut können, im Grunde das gleiche Niveau erreicht haben: Die Autos aus den USA, Südkorea, Europa oder Japan sind auf allen entsprechenden Märkten vertreten und haben sich in Technik, Preissegmentierung, Leistung und Design mehr und mehr angenähert. Sie stehen überall zur Wahl, ohne dass es noch substanzielle Unterschiede zwischen ihren gäbe.

Dass Massenproduktion Serien identischer Produkte eines Produzenten hervorbringt, ist eine Sache. Dass sie aber analog dazu auch die Nivellierung der Produktunterschiede verschiedener Produzenten hervorbringt, wurde erst nach und nach klar. Die Geschwindigkeit, mit der heute innovative Produkte untereinander immer ähnlicher, qualitativ und funktional äquivalenter und austauschbarer werden und mit der sich auch die Preise angleichen und als relevantes Differenzkriterium versagen, ist atemberaubend und lässt sich beispielsweise an der Entwicklung der Smartphones anschaulich verfolgen.

»Information ist ein Unterschied, der einen Unterschied macht« – so die Definition des Biologen und Anthropologen Gregory Bateson.[7] Die Verbreitung des für Massenproduktion erforderlichen Wissens und Könnens führt jedoch zur Tilgung relevanter Unterschiede auf der Ebene der Produkte und Leistungen und der dazugehörigen Informationen. Nun ist aber für Marken genau diese Unterscheidungsfunktion wesentlich – und daher muss man zu Hilfsmitteln greifen. An dieser Stelle kommt geradezu zwangsläufig die Werbung ins Spiel. Da der Wettbewerb nicht mehr in den bisher üblichen Disziplinen – Funktionalität, Qualität, Preis – entschieden werden kann, erweitert man den Wettkampf um eine neue Disziplin, die zunächst mit der ursprünglichen Sportart nichts zu tun hat: Einstmals handfeste, konkrete Differenzen auf der Ebene des Produktes selbst werden nun auf der kommunikativen Ebene konstruiert. Wo »harte« Unterscheidungsmerkmale verschwinden, muss man »weiche« herzustellen versuchen. Wo echte Differenzen schwinden, müssen semiotisch erzeugte sie ersetzen. Das ist ungefähr so, als würde eine Fußballweltmeisterschaft, bei der alle Mannschaften in absolut gleicher Weise ballsicher, taktikgeschult und schussfertig sind, am Ende danach entschieden, welches Team seine Nationalhymne am ergreifendsten singen kann.

Das Vorhandensein von intensiver und exzessiver Markenwerbung informiert uns also zunächst einmal darüber, dass etwas fehlt. Wo immer in einem hart umkämpften Markt etablierte Marken mit großem Marketinggetöse gegeneinander antreten, signalisiert uns das, dass es keine wirklich gravierenden Unterschiede zwischen den angebotenen Produkten gibt.

Was derzeit gerne globale Wissensgesellschaft genannt wird, ermöglicht auch eine globale Arbeitsteilung und damit die Fragmentierung oder komplette Delegierbarkeit der Herstellungsprozesse. Gerade bei Markenprodukten ist der klassische Hersteller zur Rarität geworden. Die betriebswirtschaftliche Philosophie gebot in den letzten Jahrzehnten der Globalisierung von Märkten und Produktion so viel *Outsourcing* wie möglich, an erster Stelle der faktischen Herstellung des Produktes. Damit endete auch die Ära, in der man Marke noch automatisch mit »Fabrikzeichen« oder »… made by a particular company« übersetzen konnte. Auf den Verpackungen von *Apple*-Produkten beispielsweise steht dann »Designed by Apple in Cupertino, California« – und selbst das ist angesichts des weltweit produzierenden Konzerns allenfalls als rhetorische Floskel anzusehen. Denn am Hauptsitz des Unternehmens wird lediglich noch entschieden, welche Merkmale die Produkte haben sollen. Das Warenzeichen verweist also im Falle der zahlreichen Firmen, die Produkte lediglich noch designen und mit Richtlinien für die Herstellung ausstatten, nicht mehr auf den eigentlichen Prozess der Herstellung, sondern auf deren ideellen Hintergrund, der wiederum zu einem großen Teil eben aus den Ideen des Marketings besteht.

Das Vorhandensein eines Markenzeichens sagt also unter den heutigen Bedingungen nichts mehr über die Relation zwischen dem Produkt, seinen Erfindern und seinen Herstellern aus: Der Abstand zwischen Marke und Herstellung ebenso wie zwischen Marke und Erfindung, Entwicklung und Design kann extrem variieren. Will ein Markenunternehmen die Art dieser Relation als positives Merkmal mit dem Produkt verknüpfen, muss es dies in ihrer Marketingkommunikation ausdrücklich äußern. Das Markenzeichen allein verweist den Verbraucher eben nicht mehr auf einen Produzenten, sondern lediglich den Marken-Owner.

Dieser Zusammenhang ist alles andere als trivial. Denn was projiziert die Werbung unverdrossen auf die medialen Leinwände, insbesondere wenn es um Nahrung, Genuss und Mode geht? Sie setzt die romantische Vorstellung von Handwerkskunst oder *Craftsmanship* in Szene, vom verantwortungsvollen Fabrikdirektor, der durch die Hallen geht und den Seinen bei der Herstellung der Waren über die Schulter sieht, vom Erfindergründer, der die Umsetzung seiner Ideen aufmerksam verfolgt, vom Fachmann, der die Ware prüft und testet, bis er sie zufrieden lächelnd für gut befindet. Dass solche Bilder immer noch ankommen beim Verbraucher, lässt sich schon daraus ersehen, dass der immer freundliche *Tchibo*-Mann mit dem Bowlerhut, der seine Kaffeelieferanten höchstpersönlich kannte und jedes Böhnchen vor Ort in Augenschein nahm, heute seine Nachfolger in einer Handvoll in Ehren ergrauter Schweizer Chocolatiers gefunden hat, die scheinbar jede einzelne der Millionen in den Supermärkten angebotenen Pralinen noch von Hand gießen und liebevoll verzieren; in den braven Schnapsbrennern von Kentucky, die in irgendwelchen Katen tief im Gehölz jedes Hickoryscheit noch einzeln aufstapeln und es auf diese Weise schaffen, Millionen Liter von Bourbon unter die Leute zu bringen. Nicht zu vergessen die zünftigen Brauer der weltweit agierenden Bierkonzerne, die unter Einsatz zweier ehrwürdiger Bronzekessel den Bierdurst der halben Welt stillen und noch die Zeit finden, bei der Hopfenernte mitzuhelfen, auf dass auch nur die ausgesuchtesten Dolden in den Sud gelangen.

Dass die Werbung diese Mythen weiterhin so fleißig pflegt, ist ein überzeugendes Indiz für die unveränderte Attraktivität der Idee einer engen Verbindung von Ware, Hersteller und Qualität. Kaum anzunehmen, dass die an dieser Kommunikation Beteiligten wirklich so naiv sind, das Gezeigte für real zu halten: In stillschweigender Übereinkunft wird es als eine »Als-ob-Botschaft« transportiert, die an die nostalgischen Gefühle des Kunden mit seiner vermeintlichen Sehnsucht nach der »guten alten Zeit« rührt. Da aber die Angesprochenen von heute jene Zeit weder aus eigener Anschauung noch aus Erzählungen kennengelernt haben, muss es doch um etwas anderes gehen. Hier wird die Logik menschlicher Leidenschaft evoziert, die suggerieren soll: Wir kümmern uns um unsere Produkte in einer Intensität, wie sie nur durch echte Schaffenslust entsteht, in der mit allen Sinnen und allen Freuden wirkliche Kenner- und Könnerschaft ausgelebt wird. Diese Logik der Leidenschaft kennen viele Menschen aus dem persönlichen Lebensbereich, deutlich weniger dagegen aus der Arbeitswelt, die durch Zersplitterung und Unüberschaubarkeit der Arbeitsprozesse und durch Entsinnlichung gekennzeichnet ist.

Je weiter sich der Marken-Owner also selbst vom Produkt entfernt, desto mehr muss er in der Markenkommunikation darauf bedacht sein, seine persönliche Nähe zum Produkt zu signalisieren. Das gilt dezidiert auch noch für die Hightechbranche: Man denke nur an den unverwüstlichen Mythos der »Garagenunternehmen«, das vielsagende Bild vom verschlossenen Garagentor, hinter dem – wie es die Legende will – Steve Wozniak und Steve Jobs den ersten *Apple Macintosh* zusammengeschraubt haben. Auch dass *Facebook*-Gründer Mark Zuckerberg gerne daran erinnert, dass der Ursprung seines globalen, virtuellen Netzes von »Freunden« in einem wirklichen Ort und einem Netz realer menschlicher Beziehungen lag, gehört in dieses Bild.

Die Wirtschaftsentwicklung der letzten 250 Jahre brachte also einerseits ein Mehr an Entfernung, Entpersonalisierung, Lockerung vertrauter Relationen, Strukturen und Beziehungen jeder Art – die zwischen Menschen (Produzenten und Verbrauchern, Auftraggebern und Lieferanten etc.), zwischen Menschen und Dingen, zwischen Menschen und Prozessen der Herstellung. Damit lösen sich Routinen der Vertrautheit und des Vertrauens auf, Nähe verwandelt sich in Distanz. Und diese Distanz muss überbrückt werden, was heutzutage eine weitere, wichtige Aufgabe bei der Konstruktion von Markenbotschaften ist. Die andere Seite der Entwicklung ist, dass Angebote näher zusammenrücken, Distanzen und Differenzen schwinden, die nun semiotisch erzeugt und anschließend kommuniziert werden müssen. Es schlägt die Stunde der Differenzerzeugung durch Werbung.

Aus real existierenden, relevanten Unterschieden werden werblich erzeugte, kommunikativ vermittelte Differenzen. Diese Verschiebung in der Erzeugung von Differenzen geht mit deren Vermehrung einher: Es ist einfacher, Unterschiede kommunikativ herzustellen, als einem Produkt Merkmale und Innovationen einzupflanzen, die einen wirklichen Unterschied generieren – zumal in einer Ökonomie, in der Wissen frei verfügbar ist und nahezu alle alles potenziell können. Diese Verschiebung bedeutet, dass sich die Schraube nur schneller dreht. Der Versuch, ähnliche und noch dazu im Überfluss vorhandene Waren durch semiotische/zeichenhafte Operationen zu differenzieren, mündet in eine Schaffung noch größeren Überflusses. Er produziert eine Flut von Kommunikationen und Zeichen. Die Herstellung semiotischer Differenzen, die das Fehlen faktischer Unterschiede kompensieren soll, erzwingt nicht nur immer mehr Werbung, sondern steigert die Bedeutung der Produktoberfläche ins Unendliche: Aussehen, Verpackung, Präsentation rücken in den Mittelpunkt – und damit das Design.

Auf die Frage »Wie sollen die Produkte aussehen?« folgt zwingend die nächste: »Was soll man den Produkten ansehen?« Und wieder werden wir Zeugen einer scheinbar paradoxen Entwicklung: Jeder vermehrten neuerlichen Anstrengung zur Erzeugung von Unterscheidungsmerkmalen folgt postwendend eine Annäherung der Konkurrenten. Die Vermehrung von Varianz mündet in einer Einebnung von Differenzen. Ob Smartphones oder obere Mittelklasse-Pkws, Staubsauger oder Kameras: Rein äußerlich werden sie sich immer ähnlicher. Gleiches gilt für werbliche Texte und Bilder: Sind nicht die Landschaften, durch die all die SUVs mehr gleiten als fahren, nicht immer dieselben? Haben nicht alle Mobilfunkanbieter auf einmal tolle Netze und wirklich faire, transparente Preise? Und sind es nicht die immer gleichen Models, die in den immer gleichen Posen auf den immer gleichen Bergen die Outdoor-Ausstattungen der konkurrierenden Marken vorführen, die sich immer mehr gleichen?

## Klein und stark versus groß und schwach

Eine enge Verbindung zwischen Marke, Produkt und Hersteller, das Evozieren von Sorgfalt und Erfahrung, von Erfinderstolz und Produzentenehre, das Zitieren von alten Verfahren und der Verweis auf Ruhe und Zeit bei der Herstellung – all das bezieht seine Kraft nicht nur aus dem kulturellen Wissen darüber, wie man »früher« Qualitätsprodukte hervorgebracht hat. Massenmarken, die so kommunizieren, hängen sich auch an das Image von kleinen Marken an, auf die solche Merkmale tatsächlich noch weitgehend zutreffen. Denn es gibt sie ja noch, die »guten alten Dinge«, auf deren Verbreitung sich eine Handelsmarke wie beispielsweise *Manufactum* spezialisiert hat. Es gibt im Food-

Bereich all die traditionell zubereiteten Spezialitäten, es gibt die rahmengenähten Schuhe, die handgeschmiedeten Werkzeuge, die Kleider der Couturiers. Nicht alle diese Marken sind exklusiv und luxuriös. Manche von ihnen sind weltbekannt, andere nur Kennern ein Begriff. Was sie bei aller Heterogenität eint, ist die Tatsache, dass spezifische Merkmale der Marke konkret und nachprüfbar das Produkt – Materialien, Verarbeitung, Herkunft – betreffen. Unterscheidungsmerkmale sind hier substanzielle Merkmale, die zwar vom Marken-Owner eigens herausgestellt werden können, aber eben nicht durch werbliche Behauptungen erst konstruiert und simuliert werden müssen.

Wieder ist hier ein hoher Werbeaufwand der Indikator dafür, dass etwas fehlt: Je wortreicher Authentizität, Einmaligkeit, Handwerklichkeit und ähnliche Merkmale thematisiert und je üppiger sie inszeniert werden, desto eher kann man davon ausgehen, dass damit auf das Problem der Abwesenheit von alledem reagiert wird. Wenn die Werbung von Massenmarken versucht, den Nimbus von Manufakturmarken auf ihre Produkte zu übertragen, dann sagt das einiges über die Stärke der kleinen Marken und die Schwäche(n) der großen aus. Massenmarken betreiben im Durchschnitt einen deutlich höheren kommunikativen Aufwand als ihre kleinen Vorbilder, die auf klassische Werbung verzichten können, weil ihre Produkte für sich selbst zu sprechen scheinen. In Wahrheit sind es natürlich die Käufer und Konsumenten, die für sie sprechen.

Wieder ist hier die Verteilung von Nähe und Distanz, von unmittelbarer Erfahrbarkeit und kommunikativer Vermittlung im Spiel, auch die Art der Relationierung von Produkt, Leistung, Kommunikation und Markenzeichen. Ganz offenbar ist bei kleinen, starken Marken die Relevanz der Produkte und ihrer Merkmale deutlich ausgeprägter als bei den Massenmarken. Markenzeichen, Produkt und Hersteller sind hier eng verknüpft. So eng, dass ein Verkauf der Marke an einen anderen Marken-Owner oder eine Veränderung der Rezeptur oder Herstellungsweise das Aus für die Marke bedeuten kann. Tradition, Kontinuität, Konstanz sind auf jeder Ebene wichtig für den Erfolg solcher Marken: Sie leben von Identität. Entsprechend kann sich das Markenzeichen bei solchen Marken nicht so einfach von den bekannten Produkten lösen.

Stark beworbene Massenmarken sind in dieser Hinsicht wesentlich flexibler: Gerade weil es nicht unbedingt handfeste Produktmerkmale sind, die die Massenprodukte voneinander unterscheiden, können große Marken mit der Auswahl kommunikativ vermittelter Unterschiede experimentieren – und dabei allerdings dann auch herbe Bauchlandungen erleben. Als *Camel* sich vom kantigen Abenteurer als Protagonisten verabschiedete und stattdessen auf angeblich lustige Dromedarpüppchen setzte, verabschiedeten sich viele Käufer von der Marke. Auch *Pumas* Neupositionierungsversuch als Lifestyle-Marke in den 1990er-Jahren schwächte den Erfolg der Marke erheblich und verwässerte sie. Im Hinblick auf die angebotene Leistung sollte den Konsumenten ein Wechsel von Image und Botschaften also immer zu denken geben. Er bedeutet nämlich in den meisten Fällen, dass die Marke keine konkreten Leistungsmerkmale zu bieten hat, die in den Mittelpunkt zu stellen sich lohnt. Dann geht es nur noch um die bestimmte Mitteilung, auf die der Kunde mit dem Gebrauch einer Marke sich einlässt. Alles andere ist verwechselbar.

# Marken und Emotionen

Die Möglichkeiten, wie eine Marke durch Kommunikation unterschiedlicher Akteure auf unterschiedlichen Kanälen geformt werden kann, sind natürlich immens. Eine Marke kann ihre »organische Definition« und ihren Durchbruch in den sozialen Medien schaffen – womöglich zur großen Überraschung und ohne weiteres Zutun des Anbieters. Ein Marken-Owner kann aber auch alle Register ziehen, um sein Produkt auf allen Kanälen und mit allen Tricks bekannt zu machen. Oder die Marke kann ganz traditionell und schlicht durch Mund-zu-Mund-Propaganda groß werden.

Doch ohne Konsumentenseite keine Marke – da kann der Marken-Owner noch so viel senden: Wenn niemand sonst auf dem Markt über das Produkt spricht, die Marken nennt, das Angebot einschätzt, die Leistung lobt oder kritisiert, existiert die Marke faktisch nicht. Je intensiver Konsumenten sich über eine Leistung oder ein Angebot austauschen, desto schneller kann daraus eine neue Marke entstehen.

Wie schon erwähnt, halten Markentheoretiker und -praktiker an der Behauptung fest, dass der Marken-Owner – vorrangig mittels entsprechender Werbemaßnahmen – dafür verantwortlich ist, eine Marke emotional aufzuladen. Ich dagegen bin der

Ansicht, dass es immer und zuerst die Verbraucher selbst sind, die die Emotionen in den Markendiskurs einbringen.

Zunächst einmal neigen Menschen grundsätzlich dazu, eine emotionale Beziehung zu Dingen aufzubauen – und dies auch zu äußern: Wir freuen uns über ein Geschenk und eben nicht nur über die Geste des Beschenktwerdens und die darin zum Ausdruck kommende Zuwendung des Schenkenden. Wir empfinden Stolz angesichts des Besitzes bestimmter Dinge. Das Verb »lieben« wird heutzutage mit Sachen mindestens ähnlich oft verbunden wie mit Menschen. »Ich liebe diese Hose!« »Sie liebt dieses Auto!« Solche Sätze erscheinen uns heute völlig normal und sind Ausdruck der emotionalen Besetzung von Dingen.

In dieses Horn stieß der populäre *Hornbach*-Werbespot mit dem Mann, der seiner verlorenen Hose nachjagt: Eine Heldenreise in Reinform, in der die männliche Hauptfigur Heim und Frau verlässt, um nach einer endlosen Odyssee durch Straßenschluchten schließlich, am Rande scheinbar aller Zivilisation, auf einer Müllkippe den ersehnten Schatz zu finden und buchstäblich auszugraben: seine geliebte Arbeitshose. Keine Markenjeans, nur eben eine alte Hose, die aber emotional dadurch, dass sie für die Schaffensgeschichte des Helden steht, hochgradig aufgeladen ist. *By the way*: Die Marke *Hornbach* vermittelt insgesamt eine Philosophie, nach der es nicht auf Markenprodukte ankommt, sondern das, was man selbst damit herstellt. Werbung kann wirklich alles behaupten, selbst die Irrelevanz von Marken.

Emotionalisierung sei, so sagen die meisten Markentheorien, ein entscheidendes Kriterium dafür, um überhaupt von einer Marke sprechen zu können. »Als mentale Repräsentation ist das Produkt ein Vorstellungsbild, das verbunden ist mit Emotionen (Body Feelings), kognitiven Wissensinhalten und Handlungswissen sowie mit spezifischen motivationalen Antrieben. Wir bezeichnen die Gesamtheit dieser Vorstellungs- und Wissenselemente als Produktimage oder als das ›Bild‹ des Produktes«, formulieren Beat Schmidt und Boris Lyczek.[8] Und das *Markenlexikon* zitiert den Chefredakteur der Zeitschrift *Absatzwirtschaft*, Christoph Berdi, mit dem Satz: »Starke Marken lösen ein Feuerwerk an Assoziationen und Emotionen aus.«[9]

Aber rührt diese Emotion, dieses »Ich liebe meine Schuhe« nicht eindeutig von den Erfahrungen, Erlebnissen her, die sich mit den markierten Dingen verbinden und zu Geschichten verarbeitet wurden? In diesem Falle wäre die Marke so etwas wie das Versprechen der Wiederholbarkeit beziehungsweise Übertragbarkeit dieser Erfahrung: »Wenn du noch mal ein Auto dieser Marke kaufst, wirst du auch das lieben.« »Immer wenn du in ein Restaurant mit diesem Zeichen gehst, wirst du dich wohlfühlen!« Die Emotion, auf die die Argumentation der Marketingexperten abhebt, geht dann aber immer noch auf die Äußerungen und Storys der Kunden zurück. Ihr Ursprung ist immer noch die Summe der emotionsgeladenen Erlebnisse, die Menschen mit Produkten und Leistungen verbinden. Voraussetzung ist also mindestens ein positives Erlebnis mit einem konkreten Produkt. Marketingmenschen behaupten aber etwas anderes: Sie glauben, dass diese Emotionen erst durch bestimmte Äußerungen der Marken-Owner evoziert werden. Die Marke entsteht in ihren Augen erst durch Werbung: Also durch Texte des Marken-Owners, die in der Lage sind, emotionale Vorstellungsbilder zu suggerieren und mit Produkt und Markenzeichen zu verknüpfen. Dass so etwas möglich ist, glaubten zumindest die Werber in der Hochphase der psychologischen Markentheorien (denen behavioristische, individualpsychologische Theorien zugrunde lagen), und in vielen Agenturen und Markenratgebern redet man auch heute noch so.

Interessanterweise zeigt gerade ein gelungener Werbespot wie »Die Hose« von *Hornbach* (gelungen deshalb, weil hier eine geradezu archetypische Geschichte erzählt wird), dass es nicht so einfach ist, die emotionale Verbundenheit eines Menschen mit einem Ding zu replizieren oder zu übertragen: Dieser Mann geht nicht meilenweit für eine *Camel*, sondern bis ans Ende der Welt für jene namenlose und dennoch einmalige Hose, die über die Jahre zu *der* Hose geworden ist. Damit referiert der Spot auf eine Erfahrung, die vielen Männern gemeinsam ist: Aus dem eigenen Kleiderfundus mendelt sich regelmäßig eine Hose als *die* Hose heraus, die gehegt, beschützt und repariert werden muss, bis es nicht mehr geht. Die Marke muss »Mann« sich dabei leider nicht merken, denn die bittere Erfahrung lehrt, dass, wenn es um die perfekte Hose geht, das Wiederholbarkeitsversprechen der Marken nie gehalten wird. Genau so eine Hose kriegst du nie wieder, Mann! Hier sind wahrlich starke Emotionen im Spiel: Und wieder haben sie nichts mit irgendwelchen Werbeversprechungen zu tun, sondern stammen aus dem Erleben des Users.

Ganz anders die gängigen Markentheorien. Sie behaupten erstens, dass Marke nicht ohne Emotionen auskommt – so weit, so gut. Sie behaupten dann aber zweitens, dass diese Emotionen in Äußerungen des Marken-Owners zum Markenzeichen und fakultativ zum Produkt vorkommen müssen und dort entsprechend definiert werden können (und definieren damit gleichzeitig auch indirekt, was Werbung machen sollte). Und sie behaupten drittens, dass Werbung es schaffen kann, auf diese Weise eine emotionale Aufladung von Begriffen und Dingen zu bewirken. Demnach wäre es für die Markenexistenz notwendig und hinreichend zugleich, wenn der Marken-Owner selbst kommunikativ emotionale Zuschreibungen an sein Produkt vornimmt und in der Werbung emotionale Themen mit ihm verknüpft.

Tatsächlich aber ist emotionalisierte und/oder emotionalisierende Kommunikation durch den Marken-Owner weder notwendige noch alleinige Bedingung für das Entstehen von Marken. Denn ohne die andere Seite der Kommunikation, ohne die Nutzer, Käufer und Beobachter von Marken, ohne ihre Erlebnisse mit und ihre Geschichten über Produkte kann auch keine Marke existieren. Insofern erweist sich auch das aufwendige Testen und ewige Befragen der Kunden, das sich ja so gut wie nie auf deren Kommunikationen bezieht, als kaum ergiebig. Es geht dabei ja nur darum, herauszufinden, ob und inwieweit die Unternehmensbotschaften verstanden wurden. Marken-Owner und ihre Agenturen interessieren sich für die eigenen Texte, nicht für die der Menschen, die sie damit zutexten. Wenn sich heute langsam Unmut über Markenunternehmen breitmacht, wenn sich Kunden im Alltag Erlebnisse erzählen, die den Eindruck verstärken, sie seien den Anbietern im Grunde egal, dann ist das ein Reflex auf die Selbstbezüglichkeit von Marken-Ownern und ihrer Marketingabteilungen, die immer glauben, es käme ausschließlich auf ihren eigenen *Input* an. Sie wollen das wertvolle Feedback, das Kunden ihnen geben könnten, schlicht nicht hören.

Ein Mitarbeiter des Beschwerdemanagements der *Deutschen Bahn* brachte einmal in einem Interview auf den Punkt, wie gering das Interesse der Marken-Owner an den Versuchen der Kunden ist, mit ihnen ins Gespräch zu kommen: »Die schriftliche Bearbeitung funktioniert überwiegend über Textbausteine. Es gab zu meiner Zeit sogar extra eine Mail aus Textbausteinen, die wir an die Kunden verschickt haben und in der bestritten wurde, dass wir mit Textbausteinen arbeiten.«[10] Wer jetzt mit dem Argument kommt, man könne ein quasi-staatliches Monopolunternehmen nicht als Pars pro Toto nehmen, übergeht, dass die Manager, die man zur Bahn geholt hat, dort genau das Können anwenden, das sie in der freien Wirtschaft erlernt haben.

Die starke und vorwiegend negative Emotionalisierung, die sich speziell mit der Kommunikation der Marke *DB* verbindet, mag eine Ursache in dieser nicht vorhandenen Offenheit für Kundenwünsche finden. Sie resultiert aber wohl hauptsächlich aus den konkreten (schlechten) Erfahrungen der Kunden und den darüber entstehenden Diskursen. Dass solche Diskurse eben nicht nur innerhalb der Gruppe der tatsächlichen Kunden geführt werden, kann man am Beispiel Bahn ganz gut illustrieren. Den schlechtesten Ruf hat die Marke *DB* ja wohl bei denen, die ihr Angebot aufgrund des schlechten Images erst gar nicht nutzen.

Markenbildung und Markenruf gehen also de facto wesentlich auf die Intensität des Austauschs der Kunden zurück. Sobald, aus welchem Grund auch immer, ein Produkt draußen trotz nicht vorhandener Werbung zum Gesprächsstoff wird – man tauscht sich aus über seine Qualitäten, erzählt sich etwas über den Hersteller und verknüpft vor allem Geschichten damit –, treffen Menschen explizite und auch emotionale Werturteile: »Tolles Ding!«, »Wirklich klasse, dieses …«, »Ich liebe es!« Wenn auf diese Weise eine Marke geschaffen ist, werden also automatisch auch emotionale Qualitäten ausdrücklich oder indirekt thematisiert und mit der Marke verbunden. Es existiert – zumindest innerhalb von Gruppen oder Subkulturen – eine gemeinsame Wissensmenge im Hinblick auf diese Marke, weshalb ein Konsument dadurch, dass er sie nutzt, auch etwas über sich und sein Qualitätsbewusstsein, seinen Sinn für Ästhetik, seine Lebenshaltung äußern kann. Und dies gelingt, ohne irgendjemanden zuvor durch aggressive Werbung permanent zu nerven, Pseudolebensweisheiten einzubläuen oder zu erzählen, was sie oder er zu empfinden habe oder tun müsse, um hip, in, cool oder attraktiv zu sein. Was für eine angenehme Marke.

Was aber eben bleibt, ist, dass auch diese Marke sich mit Emotionen verknüpft. Und mit jeder Art der Äußerung einer Emotion ist immer auch eine Bewertung verknüpft, jeder geäußerte emotionale Zustand impliziert bereits eine Wertung. Dabei unterscheiden wir kulturell zwischen (extrem) hoch bewerteten und (extrem) negativ bewerteten emotionalen Zuständen: Freude und Begeisterung sind gut, Trauer und Hass sind schlecht. Die Verknüpfung von Werturteil und Emotion kommt folglich auch in unseren Geschichten zum Tragen. Positive wie negative Erlebnisse, überraschende Lösungen, tragische Ereignisse, glückliche oder dumme Zufälle, das Durchringen zu einer Entscheidung oder eine plötzliche Erkenntnis – alles, was in (Alltags-) Geschichten vorkommt, ist mit einer Bewertung verknüpft und zeigt emotionale Zustände an. Die Verknüpfung von Wertzuschreibung und emotionaler Kategorisierung ist in der Alltagskommunikation unvermeidlich, wird im Bereich der künstlerischen Kommunikation zusätzlich stark forciert, wohingegen sie in der Wissenschaftskommunikation ausdrücklich vermieden werden soll, was nur noch einmal anzeigt, von welch starker Wirkung die Relation grundsätzlich ist.

»Jede Beschreibung enthält eine Erklärung und jede Erklärung enthält eine Bewertung«, sagt der Psychiater und Systemtheoretiker Fritz B. Simon.[11] Die *Beschreibung* von Produkteigenschaften und entsprechenden Erlebnissen *erklärt*, warum bestimmte Emotionen beim Sprecher entstanden sind, und diese wiederum können Ausdruck der *Bewertung* von Produkt oder Marke sein. Emotionen können letztlich Ersatz für die explizite Bewertung sein, das Gefühl kann metaphorisch für die Bewertung stehen, sie verstärken, kann den ausdrücklichen Verweis auf die Ursache – besondere Optionen oder Qualitäten – durch die explizite Äußerung der Wirkung – das Evozieren emotionaler Zustände – ersetzen.

Wichtig dabei ist, dass beim Austausch über markierte Produkte die Beschreibung und Bewertung realer Merkmale und authentischer Erlebnisse der Emotionalisierung logisch vorausgeht. Mit anderen Worten: Emotionen und Gefühle müssen nicht erst durch emotionalisierende werbliche Kommunikationen des Marken-Owners in den Diskurs hineingepumpt werden. Noch einmal: Wenn Marken emergieren, kommen Emotionen automatisch ins Spiel.

Wenn Marken-Owner wirklich an unseren Diskursen und Erlebnissen interessiert wären, würden wir Konsumenten das merken! Ausnahmen die diese Regel bestätigen, sind daher auch entsprechend erfolgreich. Kunden geben die ihnen entgegengebrachte Wertschätzung auch zurück.

# Markendiskurse
## oder:
# Wie wir Konsumenten Marken machen

»1. Märkte sind Gespräche.«

Mit dieser viel zitierten Feststellung beginnt das *Cluetrain Manifesto*, 1999 von Rick Levine, Christopher Locke, Doc Searls und David Weinberger veröffentlicht und seinerzeit Anlass für heftige Diskussionen um die Zukunft von Ökonomie, Marketing und Werbung.[12] Dabei spricht das Manifest einige für die Theorie und Praxis des Marketings wesentliche Einsichten aus, die man bereits deutlich früher hätte formulieren können – und die übrigens nicht notwendig das Vorhandensein von digitalen Netzwerken voraussetzen, sondern von Social Media lediglich verstärkt worden sind.

»38. Menschliche Gemeinschaften entstehen aus Diskursen – aus
menschlichen Gesprächen über menschliche Anliegen.«
»39. Die Gemeinschaft des Diskurses ist der Markt.«

Mit dieser Marktdefinition sind die Autoren des Manifestes sehr nahe an dem, was hier gerade beschrieben wird. Diskurse sind Netzwerke aus Äußerungen und Texten, die sich um Themen und diesbezügliche Thesen herum organisieren und dabei bestimmten Regeln hinsichtlich Stil und Argumentationsweise folgen – auch wenn das auf den ersten Blick häufig schwer zu erkennen ist. So gilt wie gesagt in wissenschaftlichen Diskursen die Regel, dass man Werturteile nicht offen äußern darf, im Alltagsdiskurs dagegen sind Wertzuschreibungen und in ihrem Gefolge Emotionen durchaus erwünscht.

Diskurse speisen sich aus Gesprächen, Dialogen, Chats, Kommentaren, Artikeln, Essays, Büchern, Reportagen, Nachrichten, über die in immer neuen Runden des direkten und des medialen Austauschs immer neues Wissen in den Diskurs gelangt und altes Wissen verworfen wird, Erfahrungen verglichen, Geschichten erzählt und neu entworfen werden. Dabei bilden sich Hauptstränge von Beschreibungen, Erklärungen und Bewertungen heraus, die den meisten Diskursteilnehmern bekannt sind. Diese Hauptstränge können in unterschiedlichen Alltagstheorien bestehen, auch völlig konträre Bewertungen und damit Gefühlslagen enthalten. Alltagsdiskurse beziehen ihre Energie ja nicht zuletzt aus Erregung. Die größte Aufmerksamkeit ziehen Diskurse auf sich, deren Gegenstand niemanden »kalt lässt«. Im Grunde verhandeln alle Alltagsdiskurse letztlich das, was Jerome Bruner »Alltagspsychologie« nennt: »Wir glauben, dass die Welt in einer bestimmten Weise organisiert ist, dass wir bestimmte Dinge wollen, dass bestimmte Dinge wichtiger sind als andere. Wir glauben (oder wissen), dass Menschen Überzeugungen nicht nur für die Gegenwart, sondern auch für die Vergangenheit und die Zukunft haben, Überzeugungen, die uns an eine ganz bestimmte Zeitauffassung [Raumauffassung, Auffassung von Identität, Konstanz, Logik, Kausalität] binden, unsere Auffassung, nicht die der Tallensi von Fortes oder der Samoaner von Margaret Mead. [...] Wir glauben in der Tat auch, dass die Überzeugungen und Wünsche von Menschen so hinreichend kohärent und gut organisiert werden können, dass man sie als ›Verpflichtungen‹ oder ›Lebensweisen‹ bezeichnen kann [...].«[13]

Mit anderen Worten: Alle Diskurse dienen dazu, uns über das zu verständigen, was als Realität gelten kann, darf und soll. Damit geht es in Diskursen also auch immer um die Herstellung und Überprüfung von Normen, um das Verhandeln darüber, was als wünschenswert und unerwünscht, als ästhetisch schön oder unakzeptabel, als förderlich oder gefährlich für das Glück des Einzelnen und das Wohl aller gelten soll. Diese Diskurse leben von Vielfalt, von Subdiskursen, von der Existenz unterschiedlicher, teilweise hochemotionalisierter Bewertungen, von Abweichlern und Häresien. Ein Diskurs, dem der Gegenstand abhandenkommt – nehmen wir den über das Waldsterben, der erstarb, als der Wald genau dies eben nicht tat –, endet ebenso sicher wie einer, in dem sich alle vollkommen einig sind.

Wollen Marken also im Diskurs präsent sein – und nirgendwo anders können sie existieren, wie schon das *Cluetrain Manifesto* klarmacht –, dann müssen sie differierende Beschreibungen und Bewertungen ertragen. Ein Teil der Diskursteilnehmer wird eine Marke immer auch mit negativen Merkmalen korrelieren, sie ablehnen, vielleicht sogar hassen. Und die anderen Diskursteilnehmer werden wissen, dass diese Zuschreibungen existieren. Semiotisch gesprochen heißt das: Jede Marke wird, ob es dem Marken-Owner nun gefällt oder nicht, Konnotationen haben, die sich in positive und negative unterteilen lassen. Es kann und wird keine Marke geben, die nur mit positiven Merkmalen verbunden wird. Damit sollte das Marketing umgehen lernen.

Womit wir wieder bei der (Un-)Fähigkeit von Marken-Ownern angekommen sind, zuzuhören – also Diskurse zu beobachten und zu interpretieren. Zu fragen, in welchen (Sub-)Diskursen kommt meine Marke mit welchen Konnotationen vor und welche Möglichkeiten habe ich, darauf zu reagieren? Das ist eine der entscheidenden Fragen, denen sich Marken-Owner heute immer noch nicht wirklich stellen, und die mit der gängigen Zielgruppenphilosophie jedenfalls nicht beantwortet ist.

## Markenzeichen in Diskursen

In einer Kultur, in der soziale Praktiken und die Befriedigung grundlegender Bedürfnisse immer auch oder sogar vornehmlich von Produkten mit Warencharakter geprägt sind, nehmen eben diese Waren zwangsläufig im Alltagsdiskurs eine relevante Stellung ein. Was wir essen, wie wir unsere Wohnungen und unsere Mobilität gestalten, wie wir aussehen (und auszusehen haben), was gut für unsere Gesundheit und unser Wohlbefinden ist und was nicht, ja sogar, wie wir uns informieren, wie wir lernen und was uns Ansehen verleiht – all das lässt sich in unserer Alltagswelt nicht mehr thematisieren, ohne dabei *auch* über Waren zu sprechen. Was könnte also praktischer sein, als Zeichen zu verwenden, die allgemein verständlich und einigermaßen präzise auf Waren, Produkte und deren Eigenschaften verweisen? Genau aus diesem Grund sind »markierte« Produkte, also Waren mit einem Markenzeichen, in Diskursen schon mal im Vorteil und können ohne viel weiteres Zutun des Marken-Owners zu Marken werden: Markenzeichen/Markenname wird zum allgemein verstandenen Zeichen, das auf eine klar umrissene Menge von Merkmalen verweist – nicht aber unbedingt auf ein spezifisches Produkt. Man kann auch mit Nichtrauchern anhand von *Gitanes* oder *Gauloises* über einen bohemehaft intellektuellen Freiheitsbegriff kommunizieren.

Grundsätzlich erleichtern Markenzeichen in der diskursiven Kommunikation also die Verständigung: Ein Markenname und ein entsprechendes Denotat helfen, das, wovon man spricht, nicht mehr umständlich beschreiben zu müssen. Und das Universum der Waren lässt sich damit in die Kategorien bekannt und nicht bekannt unterteilen. Um auch über das Neue und Unbekannte zu sprechen, genügen entsprechende Vergleiche. Die Aussage »Ist wie … nur besser/billiger/schlechter« erspart aufwendige Beschreibungen und ebnet anderen, neuen Waren den Weg in den Diskurs. Bekannte Marken sind hervorragende Vorlagengeber für die Konkurrenz. Etwas als *same, same, but different!* zu kennzeichnen ist nicht nur in Südostasien, sondern auch bei uns der kommunikative Trick, um sich rasch über Unbekanntes zu verständigen (wobei wir uns über Risiken und Nebenwirkungen durchaus im Klaren sein sollten).

Marken erleichtern die Kommunikation so erheblich, dass sie – sobald es markierte, in ihren Merkmalen standardisierte Waren auf verlässlichen Märkten gibt – auch dann in Diskursen hergestellt werden, wenn der Marken-Owner diesen Prozess nicht weiter forciert. Zu verführerisch, zu funktional ist die Option, durch ein Zeichen im Diskurs gleich eine ganze Fülle von Propositionen abrufen zu können, anstatt weitschweifende Ausführungen machen zu müssen. Dabei wird die Semantisierung des Markenzeichens nicht bei Merkmalen stehen bleiben, die mit den intersubjektiv wahrnehmbaren Produkteigenschaften verbunden sind: Funktion und Funktionalität eines Produktes, Qualität seiner Verarbeitung, materielle und strukturelle Differenzmerkmale können sogar gegenüber anderen Kriterien in den Hintergrund treten. Wir haben ja gesehen, dass diskursiv immer auch eine Verknüpfung von Ware mit Emotionen stattfindet.

*Eine* Art der Verknüpfung findet über die Äußerung und »vernünftige« Begründung einer Emotion statt. »Ich liebe es …« wird erklärt mit: »… weil es so schön aussieht!«, »… weil es mir die Arbeit erleichtert!«, »… weil die immer so nett zu mir sind!« Solche Erklärungen für eine emotionale Wirkung weisen aber nur auf den Absender, das Subjekt zurück, und nicht auf ein Produkt hin. Das dient lediglich als Mittel, als Medium und wird – wenn überhaupt – erst später genauer beschrieben. Der *zweite* Weg führt im Gegensatz dazu von einem Produktmerkmal schnurstracks zur Emotion: »340 PS, Alter! 3-4-0! Ich liebe es!«

Es gibt weitere semantische Aufladungen von Marken, die allerdings in enger Abhängigkeit stehen von Diskurs und jeweiliger Bewertung: Nehmen wir den bei uns zurzeit immer heißer laufenden Diskurs über Essen und Ernährung, der dabei ist, quasi religiöse Züge anzunehmen: Hier spielen Themen wie Ernährung und Gesundheit, Essverhalten und Schönheit, Nahrungskonsum und Weltklima, Essen und Genuss, Fleischkonsum und Tierrechte eine Rolle, die allesamt endlos viel Diskussionsstoff enthalten und unter denen immer auch ethische und ästhetische Normen verhandelt werden: Was gilt als gut, schön, angemessen? Wo ist die Grenze, die das Schöne vom Hässlichen, das Normale vom Unnormalen, das Eigene vom Fremden, das Gute vom Schlechten trennt?

Marken dienen in solchen Diskursen oftmals dazu, bestimmte Positionen oder Problematiken darzulegen – was im Laufe der

Zeit auch ihre Semantik dramatisch verändern kann. So gilt etwa Fast Food vielen als symptomatisch für eine ganze Reihe grundlegender gesellschaftlicher Fehlentwicklungen, für die große Marken dieses Sektors dann stellvertretend stehen. Die Konsequenzen solcher Versinnbildlichung bekam zum Beispiel *McDonald's* massiv zu spüren. Wie die Marken *Coca-Cola* oder *Pepsi* auch, die stellvertretend für alle zuckerhaltigen Getränke oder sogar Lebensmittel genommen wurden, mit denen Konsumenten »vergiftet« werden.

## Ebenen der Markenthematisierung im Diskurs

Wenn also mithilfe von Marken – wir erinnern uns an die etymologische Herkunft des Wortes – im Diskurs Haltungen und Standpunkte als Abgrenzung markiert werden können, hat dies zwangsläufig Auswirkungen auf ihre Zeichenbedeutung. Und auch jede in einen Diskurs einfließende neue Wissensmenge kann eine bestehende Markensemantik potenziell verändern. Zumal dann, wenn Produkte und Marken nolens volens in das, was ich einen »heißen Diskurs« nennen möchte, geraten: also einen, der stark emotionalisiert ist, weil in ihm kulturelle Normen verhandelt werden, die als relevant für die zukünftige Ausrichtung der Gesellschaft eingeschätzt werden. Heiße Diskurse in diesem Sinne finden derzeit beispielsweise über Gesundheit, Ernährung und Gender statt. Kennzeichen solcher Diskurse ist, dass sie mehr und mehr Themenfelder besetzen und darin divergente Fragestellungen und Phänomene behandeln. Es geht letztlich immer um die Frage, ob man etwas *noch* darf oder *schon* darf. Darf man noch Fleisch essen? Wenn ja, muss es dann bio sein? Darf man noch rauchen? Darf man noch ein paar Pfund

Übergewicht haben? Darf man noch Bier trinken? Darf man noch entspannt dasitzen und nachdenken, anstatt jede freie Minute für Leibesübungen zu nutzen? Ist es schon möglich, zu genießen, während man auf das verzichtet, was früher als Quelle des Genusses galt? Zwangsläufig geraten mit der Problematisierung von Verhaltensweisen in heißen Diskursen auch die entsprechende Konsumtion und damit Produkte und Marken ins Visier. Diskurse als ihre natürliche Umwelt halten die Marken also ganz schön auf Trab.

Nun haben wir gesehen, mit wie viel Aufwand Marken ihre äußere Erscheinung – ihren Signifikanten – scheinbar konstant zu halten versuchen. Gleichzeitig stellen wir fest, dass das Signifikat von Marken – ihre Bedeutungsebene – äußerst anfällig für Mutationen in Form von Umdeutungen und Neusemantisierungen ist. Auf dieser Ebene kommen im Diskurs auf der konnotativen Ebene permanent neue Aspekte hinzu, während andere gelöscht werden. Man ahnt schon, vor welche Herausforderung dies alles die sogenannte Markenführung stellt.

## Die Pyramide der Markensemantik

Die semantischen Merkmale, die einem Markenzeichen durch die beschriebenen kommunikativen Operationen im Diskurs zugeschrieben werden *können*, bauen sich pyramidenförmig auf.

Auf der untersten Ebene der basalen Zeichenhaftigkeit befindet sich alles, was wir folgern können, wenn wir ein Zeichen als Markenzeichen identifiziert haben. Darüber werden aus einer Menge an verfügbarem Wissen aus unterschiedlichsten Quellen die faktisch nachprüfbaren Merkmale selegiert, die sich im Diskurs als relevant erweisen. Das sind erstens relevante Produktmerkmale und das Wissen über Produktfelder und Branchen, zu denen die mit der Marke verknüpften Waren gehören. Das sind zweitens Informationen über die Zuverlässigkeit und den Service im Zusammenhang mit der Marke. Und drittens sind es alle diskursrelevanten Informationen über den Marken-Owner, sei es seine wirtschaftliche Stellung oder seine soziale und öko-

EBENE 5

**Habitus-Attitude-Verknüpfung (fakultativ)**

Bezeichnungsfunktion sozialer Stellung und/oder Lebenseinstellung: »konservativ«, »elitär«, »libertär«, »individualistisch« etc.

EBENE 4

**Emotionale Aufladung (fakultativ)**

Zuschreibungen emotionaler Wirkungen an das Produkt oder die Marke insgesamt: »macht glücklich«, »befriedigt«, »verärgert«, »macht stolz«, »weckt Aversionen« etc.

EBENE 3

**Qualitative Kategorisierung und kulturell definierte Funktionen**

Wertende Urteile hinsichtlich Funktionen/Features, Ästhetik, Ökonomie und kulturell relevanter Funktionen wie »gesundheitsfördernd«, »arbeitserleichternd«, »zeitsparend«, »leistungssteigernd«, »entspannend« etc.

EBENE 2

Basisinformationen: Fakten zu Produktgattung, Eigenschaften, Hersteller etc.

EBENE 1

Basale Zeichenhaftigkeit: gemeinsame denotative Merkmale aller Markenzeichen

**Pyramide der Markensemantik**
Semantische Ebenen einer im Diskurs verhandelten Marke: Die jeweilige Markenbedeutung kommt durch die Kombination von Merkmalen zustande, die mindestens aus den Ebenen 1 bis 3 stammen.

logische Haltung. Im Diskurs wird dann darüber verhandelt, wie glaubhaft und gravierend solche Merkmale sind – und inwieweit sie sich auf die Semantik der Marke auswirken. Beim Skandal um die Manipulation der Abgaswerte durch den *VW*-Konzern konnte man dies gut beobachten. Da gab es an einem Ende der Skala die Beiträge von Konsumenten, die sich aus ökologischen Überlegungen für Produkte der Marke entschieden hatten und nun entsprechend enttäuscht und wütend waren. Da gab es am anderen Ende Äußerungen, dass der Skandal in Bezug auf Marke und Einstellung zu den Produkten völlig unerheblich sei. Dazwischen gab es die Scherzbolde, die ihre Witze machten: »Sagt die Frau zu ihrem Mann beim Liebesspiel: ›Komm, sag mal was richtig Dreckiges!‹ Daraufhin er: ›VW‹.« Doch bei allen Unterschieden in der Reaktion dürfte allen Betroffenen klar geworden sein, dass die Merkmale ökologisch, besonders effizient, überdurchschnittlich sparsam, besonders umweltfreundlich auf absehbare Zeit die Marke nicht mehr charakterisieren konnten.

Schließlich geht es auf einer nächsten Ebene um qualitative Zuschreibungen unter anderem die Funktionalität oder Features, die Ästhetik oder die kulturell definierte Funktion betreffend. Qualitative Zuschreibungen sind per se stark an subjektive Wahrnehmungen und Präferenzen gebunden, bereits hier können also deutliche Kontroversen entstehen. Welche Features an einem Produkt sinnvoll, notwendig, hinreichend oder innovativ sind, kann, wie wir alle aus Erfahrung wissen, heftig diskutiert werden. Ähnlich verhält es sich bei den kulturell definierten Funktionen, die ebenfalls starken Wandlungsprozessen unterliegen. So hat sich der Trend zur Geräteaufrüstung im Bereich Freizeit und Garten längst verselbständigt. Wenn der Nachbar sein Vorgärtlein mit einem KW-starken Aufsitzmäher bearbeitet, kann er nicht ernsthaft mit der arbeitserleichternden Funktion seiner Anschaffung argumentieren. Er wird stattdessen eher die entspannende Wirkung, die die motorisierte Gartenarbeit für ihn hat, in den Vordergrund rücken. Und auch der Großstadtbewohner hätte Mühe, seinen SUV rein funktional zu »rechtfertigen«, hier muss schon die identitätsstiftende Funktion »Ich hatte halt immer schon tolle Autos!« herhalten. Das heißt, jenseits der praktisch-technischen Funktionen von Produkten bilden sich auf der diskursiven Ebene kulturell definierte heraus, die sich in ihrer Eigendynamik immer wieder transformieren. Wenn sich beispielsweise so etwas wie ein kollektiver Waschzwang etabliert, der Dermatologen bedenklich stimmt und Hygieniker nur milde lächeln lässt, dann haben die kulturell definierte Funktion und der daraus sich ergebende Konsum nichts mehr mit gesundheitsfördernden Maßnahmen zu tun, sondern stellen sich als Reflex auf einen dominanten, richtungweisenden Diskurs, dem die meisten entsprechen wollen, heraus.

Die Zuschreibung einer kulturellen Funktion beinhaltet somit immer schon Werturteile und damit immer auch Emotionen. Marken bieten sich an, mit kulturell definierten Funktionen verknüpft zu werden, und können dann zumindest phasenweise einen bestimmten Wert repräsentieren, etwa wenn alle Produkte einer Marke pauschal als gesundheitsfördernd gelten.

Nun ist die explizit emotionale Zuschreibung für die Semantisierung der Marke lediglich eine Option: Emotionalisierung kann, muss aber nicht erfolgen – womit die vorletzte Pyramidenebene erreicht ist. Nehmen wir die erfolgreichen Verbrauchsgütermarken für den Haushalt. Kaum jemand wird erklären, dass und wie sehr er in Papiertaschentücher einer bestimmten Marke vernarrt ist. Was aber noch lange nicht heißt, dass er hier keine eindeutige Markenpräferenz hätte. Die kann sogar so weit gehen, dass – wie tatsächlich beobachtet – eine Kundin einen »Fehlkauf« damit erledigt, dass sie das Produkt auf dem Kassenband kurzerhand liegen lässt. Es erschien ihr offenbar undenkbar, das Produkt einer beliebigen anderen Marke zu benutzen. Sie wird die aus ihrer Sicht unvergleichliche Wirkkraft »ihres« Produktes in einer quasi rationalen Argumentation preisen können, sicher aber hochgradig emotional reagieren, wenn es um die Einschätzung anderer Produkte und deren vermeintlich schlechtere Qualität geht.

Insgesamt zeichnet sich aber auf dieser Ebene der emotionalen Aufladung ein deutlicher Trend zu mehr Coolness und Rationalität bei den Konsumenten ab: So identifizieren sich insbesondere jüngere Konsumenten – auch und gerade die mit hohem Bildungsgrad und beruflichem Erfolg – heutzutage selbst beim Auto nicht mehr so sehr mit bestimmten Marken, finden im Gegenteil deren Emotionalisierung merkwürdig und entscheiden sich beim Kauf eher nach pragmatisch-rationalen Gesichtspunkten.

In Diskursen, in denen auch Produkte und Marken eine Rolle spielen, werden diese häufig – und damit ist die oberste Ebene der Pyramide erreicht – verknüpft mit einem bestimmten Stil, einer bestimmten Haltung, einem Habitus. Wenn wir Kleidungsstücke einer bestimmten Marke als prollig kennzeichnen, wenn wir sicher sind, dass bestimmte Automodelle bevorzugt von Spießern gefahren werden, dagegen die Küchen eines bestimmten Herstellers vom exquisiten Geschmack der stolzen Besitzer zeugen, dann nehmen wir solche Verknüpfungen vor. Die Zuordnung von Marken zu sozialen Milieus ist ein beliebtes Spiel in

Diskursen, in dem sich im Wesentlichen zwei Positionen unterscheiden lassen. Entweder ist die Entscheidung für eine Marke eindeutig als Äußerung über Status, Geschmack und letztlich Haltung zu verstehen. Oder aber der Konsument handelt in diesem Sinne nicht absichtsvoll, was aber nichts daran ändert, dass man seine Produkt- und Markenwahl lesen und interpretieren kann – wiederum ganz im Sinne Paul Watzlawicks, dem zufolge man »nicht nicht kommunizieren« kann.

Dabei gibt es nun Markenprodukte, die offenbar eine gewisse Affinität zueinander haben und gut »zusammenpassen«, andere wiederum irritieren eher durch Figurationen, wieder andere scheinen im Hinblick auf den Habitus nicht aussagekräftig zu sein, und schließlich gibt es immer ein Zusammenspiel von Markenerzeugnissen und Nichtmarkenprodukten. Für die Auswahl und Zusammenstellung von Dingen, aber auch von Verhaltensweisen, Themen, Wissen halten verschiedene Gruppen unterschiedliche Regeln parat. Der Soziologe Pierre Bourdieu, von dem der Begriff Habitus stammt, ging diesen Regeln in großen empirischen Untersuchungen nach und zeigte, wie die unterschiedlichen Lebensstile sich äußern. Er beschreibt, wie sich die Gruppen durch spezifische Kombinationen aus Interessen, Vorlieben, Dingen voneinander abgrenzen und anhand von Distinktionen gegenseitig ihre Milieuzugehörigkeit mitteilen.

Mir scheint allerdings, dass die strikte Differenzierung in Milieus, die für das Frankreich der 1970er-Jahre, in denen Bourdieu die Ergebnisse seiner Forschungen zu den »feinen Unterschieden« zu Papier brachte, richtig und angemessen war, heute und im Zusammenhang mit der Frage nach der Semantik von Marken angepasst werden sollte. Die sogenannten Milieus scheinen sich heutzutage in beträchtlichem Maße zu vervielfältigen, zu transformieren und gleichzeitig zu verflüchtigen. Wer in der Werbung arbeitet, weiß, wovon ich rede: Alle Jahre wieder werden dort neue Schemata gerade existierender Milieus präsentiert, von denen es nicht nur immer mehr zu geben scheint, sondern deren grafische Übertragung einen immer größerer werdenden Aufwand bedeutet.

Statt von Milieus beziehungsweise dem zugehörigen Habitus spreche ich in der Folge daher meistens von *attitudes*. Das englische Wort gibt aus meiner Sicht die Verknüpfung eines Stils in Auftreten und Konsum mit Ansichten, Lebensauffassungen, Argumentationsweisen und normativen Annahmen besser wieder. Auch lässt sich mit *attitudes* etwas Flüchtiges ausdrücken: *attitudes* kann man je nach Alter, Zeitgeist, Lebensphase lässig wieder wechseln, während der Habitus etwas Festes, Traditionelles und Langlebiges an sich hat. Je nachdem, wo der eine oder der andere Begriff für die Beschreibung angemessener erscheint, findet er hier Verwendung.

Marken können im Diskurs so aufgeladen werden, dass sie quasi automatisch auf einen gewissen Habitus oder eine *attitude* verweisen, müssen es aber nicht. Langlebigere Güter sind im Schnitt sicher besser geeignet, um eine Geschichte mit ihnen entstehen zu lassen: Als VW noch »Das Auto« sein wollte, thematisierte die Marke mit einem Spot diesen generischen Anspruch. Die ersten Erfahrungen mit Autos überhaupt machte eine ganze Generation mit dem *VW Käfer*, dann war man ganz *flower power* mit Freunden im *VW Bus* unterwegs, bevor man im *VW Golf* die Hochzeitsreise antrat. Der Spot führt also vor, wie Menschen mit nur einer Automarke über Generationen hinweg bestimmte Erfahrungen, herausragende Ereignisse, intensive Erlebnisse verbinden. Er zeigt übrigens auch, dass seine Schöpfer sehr wohl wissen, woher die darin vermittelten Emotionen in Wirklichkeit stammen. Der Werbespot greift eine Emotionalität auf, die auf die Erlebnisse und Geschichten der Konsumenten und also auf den Diskurs zurückgeht, und erinnert die Rezipienten genau daran.

*Fischer Dübel* ist als starke Marke sicher ähnlich bekannt und traditionsreich, aber diskursiv kaum vergleichbar emotional geladen und auch nicht unbedingt mit einem bestimmten Habitus oder einer *attitude* verknüpft. Dieser Marke genügen die Merkmalszuschreibungen auf der Ebene der qualitativen Kategorisierungen als einmalig funktional und arbeitserleichternd. Das Merkmal Innovation ist fest mit dem Produkt, der Marke und dem Wissen über den Erfinder und Inhaber verknüpft, und solange das so bleibt, braucht die Marke im Diskurs auf den darüber liegenden Ebenen nicht in Erscheinung zu treten. Zudem weit entfernt davon, in den Sog eines *heißen Diskurses* zu geraten, bewegt sich im Gegensatz dazu die Thematisierung von Zigarettenmarken maßgeblich auf den beiden Ebenen emotionale Aufladung und *Attitude*-Verknüpfung. Automatisch werden die Marken dabei sehr eng zusammengerückt und ihre Semantik gleicht sich immer mehr an.

Mit den dargestellten fünf Ebenen der Markensemantik lässt sich also systematisch bestimmen, wo eine Marke steht, in welchen Bereichen sie stark ist, wo sie semantisch noch nicht aufgeladen ist und ob das überhaupt wünschenswert erscheint – eine Bestimmung, die die Diskussion über die Marke auch in Unternehmen erleichtert. Dort wird im Marketing nach wie vor erfahrungsgemäß sehr stark aus dem Bauch heraus argumentiert – und häufig am Ende qua Autoritätsbeweis entschieden. Mehr Rationalität und Systematik in der Herangehensweise würde vielen Unternehmen manche Fehlentscheidung und Fehlinvestition ersparen – und vor allem uns Verbrauchern stringentere, informativere und weniger nervende Markenkommunikation bescheren. Die Kreativen im Marketing lieben es, die Pyramide quasi auf den Kopf zu stellen und ihre Aufmerksamkeit gleich den großen Diskursthemen und der emotionalen Seite der Marke zu widmen und das Fundament außer Acht zu lassen.

## Markenzeichen oder: Warum wir Marken brauchen

Markenzeichen sind praktisch: Sie schaffen Ordnung und geben Orientierung. Sie helfen uns – ganz banal –, uns in jedem Supermarkt, bei jedem Einkaufsbummel, bei jeder Produktsuche zurechtzufinden, ähnliche Produkte schneller aufzufinden, Vergleiche zu ziehen, Neues zu entdecken. Ohne all die Markenzeichen und ihre strukturierende Kraft wären wir in der Topografie der Warenwelt hoffnungslos verloren. Allein deshalb schon leisten uns Marken einen guten Dienst. Soziologen sprechen in solchen Zusammenhängen von *Komplexitätsreduktion*.

Die Orientierungsfunktion von Marken in der Warenwelt angesichts einer unüberschaubaren Flut von Angeboten, die innerhalb der verschiedenen Sparten immer ähnlicher und gleichwertiger werden, leuchtet also unmittelbar ein. Die Markenzeichen leiten uns durch den Produktdschungel und sind gleichzeitig ein Versprechen der Wiederholbarkeit: Von einem Markenprodukt können wir – im Guten wie im Schlechten – erwarten, dass es uns wieder begegnet und dabei wieder so sein wird wie zuvor.

Genauer betrachtet sind Marken damit die Lösung für ein Luxusproblem: eine Sortier- und Entscheidungshilfe in einer

Warenwelt, die uns die Qual der Wahl beschert, mit vielen ähnlichen Produkten in allen Kategorien, deren Herkunft volatil ist, deren Hersteller wir nicht persönlich kennen und nur mittelbar beobachten können. Marken bewähren sich dort, wo Überfluss herrscht.

Aber durch die semantische Aufladung in den Diskursen leisten die Markenzeichen noch viel mehr: Sie können, zumindest wenn sie eine *Attitude*-Verknüpfung und Emotionalisierung aufweisen, über sich hinausweisen, etwas bedeuten, das nicht mehr unmittelbar an die mit ihnen verknüpften Produkte gebunden ist. Ist eine Marke mit relevanten kulturell definierten Funktionen, mit Haltungen und Gefühlen, Wertzuschreibungen verknüpft, kann ihr Markenzeichen als Zeichen in der sozialen Kommunikation genutzt werden. Wir nutzen nicht nur *Produkte als Botschaften* – so der Titel eines lesenswerten markentheoretischen Buches von Helene Karmasin[14] –, sondern wir benutzen auch Markenzeichen, um etwas über uns selbst auszusagen: was wir haben, was wir gerne hätten, was wir zu sein glauben, was wir gerne wären, was wir qualitativ und normativ gut finden oder wovon wir denken, dass andere glauben sollten, dass wir das tun. Hier spätestens wird die *attitude* zur Attitüde.

Das zeigt sich vielleicht am prägnantesten dort, wo Markenzeichen gefälscht werden, um sich mit Waren zu verknüpfen, die mit dem Markenprodukt selbst kaum mehr etwas zu tun haben. Warum kauft jemand eine gefakte Tasche der Marke *Louis Vuitton*, die an einer Straßenecke für einen Bruchteil des regulären Preises für das Markenprodukt angeboten wird? So naiv zu glauben, dass es sich um ein Original handelt, wird heute kaum jemand sein. Offenbar findet hier eine unausgesprochene Verständigung zwischen dem Straßenhändler und den Käufern statt, die auf multiplen Betrug hinausläuft. Der Käufer wird vom Händler hinsichtlich der Originalität der Ware betrogen – und das, merkwürdig genug, sozusagen einvernehmlich. Beide gemeinsam betrügen den Marken-Owner. Und die Käuferin hat offenbar vor, ihre Umgebung zu täuschen, indem sie mehr herzumachen versucht als wirklich da ist. Womöglich ist es aber noch komplizierter. Womöglich wird die Besitzerin gar nicht erwarten, dass ihre Tasche von anderen für echt gehalten wird, sondern will eventuell nur signalisieren, dass sie sich die echte Marke leisten würde, hätte sie nur die Mittel dafür. Immerhin zeigt sie mit der Fälschung an, dass sie sich in Fragen des Geschmacks und der Markenbedeutung auskennt.

Womit wir beim Stichwort wären: Kennerschaft. Wahre Kennerschaft gründet auf beträchtlichen Investitionen. Man muss sich mit einer Sache intensiv, lange und anhaltend beschäftigen, um zum echten Kenner, zum Connaisseur zu reifen. Wer sich beispielsweise mit Wein auskennen möchte, kann sich an Marken nicht orientieren. Da ist viel zu lernen, zu recherchieren, auszuprobieren, da müssen die Sinne geschult werden. Anerkennung ist dabei nur von anderen echten Kennern zu erwarten, Austausch lohnt sich nur im Expertenkreis, der Rest wird sich kopfschüttelnd abwenden, weil er nicht weiß, an welchen Merkmalen er Qualität erkennt, zumal in diesem Fall noch nicht einmal die Höhe des Preises ein zuverlässiger Indikator für den Grad der Güte ist. Marken erlösen uns also von der Mühsal der Kennerschaft, bringen uns aber auch um deren Vorzüge.

Aufgeladen im Diskurs (und ausstaffiert von den umschmeichelnden Äußerungen der Reklame) vermitteln sie uns eine Durchschnittsmenge an Wissen, das zur Entscheidungsfindung hinreichen soll. Dieses Wissen erlangen wir ohne viel Mühe im

Diskurs. Markenwissen ist kontextuelles Wissen, wie es die Wissenssoziologen Roy Pea und David Perkins nennen.[15] Es ist distribuiertes Wissen, das aus einem »Schwarm an Partizipationen« stammt, aus Medienäußerungen, Gesprächen, Konsultationen in sozialen Netzwerken – wovon Social Media nur einen Teil ausmachen. Der große Vorteil liegt auf der Hand: Wenn wir uns in der Kommunikation auf Marken beziehen, mithilfe von Markenzeichen Äußerungen produzieren, dann brauchen wir keine aufwendigen Erklärungen und Aufklärungen zu produzieren, sondern können davon ausgehen, dass die anderen unser Wissen teilen. Die Allgegenwart der Marken im Diskurs funktioniert wie eine Sprache, deren Wörter und Wortbedeutungen alle kennen. Marken sind ein populärer Code, den wir alle beherrschen. Marken sind im wahrsten Sinne des Wortes Popkultur.

Und offensichtlich gibt es innerhalb dieser Markenpopkultur Genres, Sparten, Subkulturen und Stars. *Apple*, *BMW*, *L'Oréal*, *Sony* und *Armani* sind die Rolling Stones, Beatles, David Bowies, Adeles und Helene Fischers des Markenpop, die jeder kennt und zu denen jeder eine Meinung hat, die sich unmittelbar einsortieren lässt. Was nun eben nicht heißt, dass es in Subkulturen keine Stars gäbe. Im Gegenteil: Solche Fangemeinden verbinden mit ihren Ikonen oftmals mehr Wissen, entschiedenere Emotionen und *attitudes*, als es den Superstars auf der allgemeinsten Ebene des geteilten Wissens vergönnt ist. Kennerschaft setzt immer Vielfalt und Unübersichtlichkeit des Angebotes voraus – auch des Angebotes an Marken. Nur so können sich Möglichkeiten der Unterscheidung und der Kommunizierbarkeit sozialer Differenz ergeben und nutzen lassen. Unübersichtlichkeit heißt logisch auch, dass verschiedene Grade an Bekanntheit vorhanden sein müssen. Wenn alle alles kennen, ist auch alles bekannt und damit überschaubar. Wenn ein BWL-Professor meint, (populäre) Premiummarken könnten Kennerschaft »symbolisieren« und dies sei ein wichtiges Motiv für deren Aneignung durch Kunden, widerspricht dies im Kern dem, was Kennerschaft meint: ein Wissen, über das eben nur eine Minderheit verfügt. Kennerschaft impliziert Fähigkeiten der Unterscheidung, welche die Mehrheit nicht hat. Kunden, die sich einen 500er von *Mercedes* oder einen 7er von *BMW* kaufen, sind dazu auf unterschiedliche Weise motiviert, sicher aber nicht dadurch, damit ihre Kennerschaft demonstrieren zu wollen. Das anzunehmen hieße, den Verbraucher für allzu simpel zu halten.

Der Bekanntheitsgrad einer Marke jedenfalls sagt noch nichts über den Grad der semantischen Aufladung der Marke, über die Menge und Tiefe des mit ihr verknüpften Wissens und ihre kommunikative Wirksamkeit aus. Es liegt im Gegenteil die Vermutung nahe, dass eine nahezu vollständige Bekanntheit der Marke die Durchschnittsmenge an Wissen und Bedeutung der Marke schrumpfen lässt: Weite Verbreitung geht damit einher, dass sich der kleinste gemeinsame Nenner als Bedeutungskern der Marke herauskristallisiert. Tendenziell schwindet mit zunehmender Bekanntheit die Aussagekraft: Man kann sich, indem man das Markenzeichen einer Allerweltsmarke äußert, nicht mehr auf die gleiche Weise signifizieren, differenzieren, ausdrücken als mit einer weniger populären Marke, die aber dafür in einem »heißen« subkulturellen Diskurs einen prominenten Platz einnimmt.

Allein schon aus diesem Grund wird sich die Figuration der Marken in der Kommunikation ständig verändern. Immer neue Marken werden nachrücken, aufrücken, traditionsreiche und bekannte Marken werden absteigen, an semantischem Gehalt verlieren – oder müssen sich neu erfinden.

Auch wenn es gegen das Credo jedes Marketingmanagers geht: Markenbekanntheit ist relativ und sagt per se nichts über die kommunikative Potenz einer Marke aus. Große Markenbekanntheit kann sogar ein Warnsignal sein und eine Aufforderung, die Aussagekraft und Energie der Marke auf den Prüfstand zu stellen. Dagegen folgen Marketingmenschen einem quasi natürlichen Impuls, wenn sie die Bekanntheit der Marke immer weiter ausdehnen wollen. Dabei dürfte inzwischen klar geworden sein, dass die Erweiterung der Markenbekanntheit in die Breite und Masse immer ein hohes Risiko für die Marke mit sich bringt: Je bekannter eine Marke wird, von desto mehr Zeitgenossen wird sie wahrgenommen und thematisiert. Zwangsläufig wird die absolute Zahl derer, die etwas zu dieser Marke wissen und zu sagen haben, ohne dass sie selbst die entsprechenden Produkte konsumieren, zunehmen. Damit wird und muss diese Marke auch in neuen Diskursen eine neue Rolle spielen. Und diese Diskurse sind bei Weitem nicht mehr so gut beobachtbar und entschlüsselbar wie die Diskurse von klar fokussierten Nutzergruppen. Wo viele eine Marke kennen, kann die Marke eine weitaus größere Rolle in der Kommunikation spielen, als sie das auf dem Markt tut.

Hohe Bekanntheit kann beispielsweise auch heißen: Alle reden darüber – keiner kauft. *Apple*-Computer dümpelten jahrzehntelang mit marginalen Marktanteilen vor sich hin. Dass Marke und Unternehmen nicht untergingen, lag lange an der nahezu religiösen Verehrung, die die Kundengemeinde der Marke gegenüber pflegte. *Apple* stand für Kreativität, für die Befreiung des Users von der den Konkurrenzprodukten einprogrammierten Ignoranz gegenüber seinem Bedürfnis, den Computer für seine Zwecke zu nutzen, ohne sich ihm unterwerfen zu müssen.

Von dieser Magie zehrte die Marke auch noch in der Phase ihres kometenhaften Aufstiegs – und ist mit der massenhaften Verbreitung ihrer Produkte und einer Geschäftsstrategie, die den Markenkernwert »Freiheit« zunehmend kassiert, in Gefahr, diesen Zauber mittelfristig zu verspielen.

Bekanntheit bedeutet also nicht automatisch Erfolg, konkret Verkaufserfolg. Es gibt schon rein logisch keine Zwangsläufigkeit von Bekanntheit zu Akzeptanz, keine Regel, nach der, was bekannt ist, auch mehr geliebt, mehr konsumiert, mehr verkauft wird. Es gibt Luxusmarken, die sehr bekannt sind, aber nur wenige Menschen können sie sich leisten. Die Funktion der Bekanntheit liegt hier auf der Hand: Die soziale Distinktion funktioniert sehr gut. Wer das teure Produkt besitzt, kann allen anderen damit erzählen, dass er oder sie einen ökonomisch höheren Status besitzt als der Rest. Bei Billigmarken kann es zum gegenteiligen Effekt kommen, wenn entsprechende Werbung und entsprechendes Wissen – etwa über Herstellungsbedingungen, Umgang mit Angestellten und Lieferanten etc. – hinzukommen.

Die Faktoren Bekanntheit, Verbreitung der Produkte, Nutzergruppen und Diskurse können jedenfalls in vielfältiger Beziehung zueinander und in Wechselwirkung stehen. Einfältig der Manager, der Bekanntheitssteigerung als strategisches Ziel ausgibt, ohne ein Konzept zu haben, in das der Faktor eingebettet ist. Messung von Bekanntheit allein ist nur etwas für Zahlenfetischisten: Erst die Interpretation der quantitativen Veränderungen im Zusammenhang mit qualifizierten Daten über Diskurse, Nutzer, Marktsegmente und die Semantik der Marke macht ein Wissen über Bekanntheit relevant.

Markenzeichen, so haben wir gesehen, bilden eine Art kommunikativen Code, also ein System, dessen Elemente Markenzeichen sind und das die Regeln für ihre Anwendbarkeit in der Kommunikation enthält. Die Markennamen, die wir mündlich und schriftlich in der Alltagssprache verwenden können und die wir alle jeden Tag ganz selbstverständlich benutzen, tauchen in keinem Wörterbuch auf. Und auch Markenlexika listen zwar Namen, Logos, Hersteller, Herkunft und Geschichte von Markenzeichen auf, liefern aber keine semantischen Definitionen und Begriffsbedeutungen der einzelnen Marken. Damit sind die Markennamen eine ganz besondere Klasse von Zeichen: Sie sind wohl die einzigen alltagssprachlich gebrauchten Zeichen, deren Bedeutung man nirgendwo nachlesen kann.

Das hat sicherlich mehrere Gründe. Der wichtigste dürfte wohl darin liegen, dass die Semantik vieler Markennamen so fluide ist. Richtig festlegen mag sich offenkundig niemand, wenn es darum geht, die Bedeutung von Markenzeichen in der Alltagskommunikation zu definieren. Das heißt: Markenbedeutungen sind mit Unsicherheit verknüpft.

Semantische Markenmerkmale sind mehrheitlich eher konnotativ. Das bedeutet, dass ein Großteil aus allgemein bekannten, intersubjektiven Assoziationen besteht: Auch wenn man selbst ein gewisses Merkmal nicht automatisch mit einer Marke verbindet, so weiß man doch, dass viele andere das tun. Und oft können diese Merkmale auf den Ebenen von Emotion und Habitus durchaus widersprüchlich sein: Für die einen sind sie positiv besetzt, für die anderen negativ. Um noch einmal das Beispiel *BMW* zu zitieren: Die Dynamik, Sportlichkeit, Potenz, die die Markenliebhaber sehen, erweist sich für Skeptiker als gelebte Rücksichtslosigkeit, Angeberei, Machismus. So gegensätzlich sie ihrer Wertung nach sind, haben doch beide Semantiken das Thema Männlichkeit als Referenz, indirekt geht es also wieder um die Verhandlung von Normen: Was darf »Mann« im Straßenverkehr, was ist angemessen, was ist ein akzeptabler Ausdruck einer bestimmten Haltung? Jedenfalls wirkt sich die von der Marke *BMW* reklamierte »Freude am Fahren« offenbar nicht auf alle Verkehrs- und Diskursteilnehmer ansteckend aus.

# Der Owner und seine Marke

Nach dem bisher Gesagten dürfte deutlich geworden sein, dass der Marken-Owner im Prinzip eigentlich nicht mehr tun muss, als interessante Produkte in gleichbleibender Qualität in den Handel zu bringen und entsprechende Basisinformationen zu liefern – also in beschränktem Umfang Marketing zu betreiben. Das Interessante an seinem Angebot kann in einem innovativen Aspekt der Produkte bestehen, es kann auch in einem attraktiven Preis-Leistungs-Verhältnis bestehen. Den Rest erledigt der Diskurs von Konsumenten, in dessen Verlauf die Marke mit bestimmten Merkmalen ausgestattet wird.

Nehmen wir das Plattenlabel *ECM*. Die Abkürzung steht für *Edition of Contemporary Music*. Die Firma wurde 1970 gegründet und zeichnete sich von Anfang an dadurch aus, dass sie zeitgenössische Musik im Umfeld des Jazz präsentierte, die ganz bestimmten ästhetischen Vorstellungen und vor allem einem sehr eigenen, wiedererkennbaren Soundideal entsprach. Das Label wandte sich an die kleine Gruppe von Musikenthusiasten, die für neue Klänge und musikalische Grenzgänge aufgeschlossen waren, und produzierte kleine Auflagen. Eine neue Scheibe *mit diesem Zeichen* hörte man sich als Freund von gutem zeitgenössischem Jazz im Plattenladen auf jeden Fall an, weil man dabei mit hoher Wahrscheinlichkeit eine Entdeckung machen konnte. *ECM* war damit – innerhalb einer bestimmten Subkultur – ganz klar eine Marke, die verknüpft war mit dem Versprechen von musikalischer Qualität. Und man konnte über die Marke »kommunizieren«: Wer eine solche Platte bei sich trug, machte einen bestimmten Geschmack kenntlich, konnte andere Liebhaber des Labels identifizieren, schließlich damit auch eine avantgardistische *attitude* ausdrücken. Und dies alles bereits vor dem bemerkenswerten Aufstieg der Firma durch den rasenden – und nicht kalkulierten – Erfolg mit den Piano-Solo-Aufnahmen von Keith Jarrett, der völlig neue Hörergruppen zur Marke hinführte – und sie damit auch veränderte.

## Lokale Marken auf lokalen Märkten

Der Marken-Owner kann also relativ leise bleiben und der Marke erlauben, sozusagen organisch zu wachsen. Um im hier bisher beschriebenen Sinne Marke zu sein, muss ein Produkt oder ein Unternehmen auch nicht unbedingt global oder überregional agieren. Es kann sehr wohl auch lokale Marken geben. In unserer Wahrnehmung regieren die großen Unternehmen und damit die großen Marken *die* Wirtschaft. Aber das spiegelt die ökonomische Realität verzerrt wider. Mehr als 99 Prozent aller Unternehmen in Deutschland sind laut Bundesamt für Statistik kleine und mittlere Unternehmen, sogenannte KMU. Dazu gehören der Bäcker oder Metzger um die Ecke, das traditionsreiche Bekleidungsgeschäft, die Handwerker, die kleine Werbeagentur, die lokale Brauerei ebenso wie der Lichtdesigner, das neue Modeatelier, die Fünf-Mann-Unternehmensberatung. Nicht wenige dieser Unternehmen besitzen – bei aller Unterschiedlichkeit –

eine Marke und erfüllen die Bedingungen dazu: Sie haben ein Markenzeichen, bieten Produkte oder Leistungen in einer definierten, wiederkehrenden Qualität und kommen in den entsprechenden – lokalen – Diskursen mit einer Menge konstanter Zuschreibungen vor.

Das Phänomen »Marke« ist also skalierbar: Ob etwas Marke ist oder nicht, hängt wie beschrieben nicht von der Größe des besetzten Terrains ab, sondern lediglich von der Art und Weise, wie in oder auf einem bestimmten Gebiet Wissen über ein Angebot vorkommt:

»Die größten und billigsten Schnitzel gibt's beim Meierwirt« versus
»In der ›Melone‹ ist die Auswahl an regionalen Bierspezialitäten hervorragend, da ist es unheimlich gemütlich und die Bedienungen sind freundlich und schnell«
versus
»Der Huber ist ein realer Wirt, es gibt eine hinreichende Auswahl an guten Gerichten, immer auch ein Biogericht, und der Bierpreis ist in Ordnung«
versus
»Ist halt das einzige vegane Bistro hier.«

Damit sind auch schon die vier Prototypen von Konsumenten charakterisiert, die es hinsichtlich der Bewertung wirtschaftlicher Angebote gibt: die Quantitätsfetischisten – große Menge für kleines Geld. Die Begeisterungsfähigen – für die irgendein Merkmal eben den großen Unterschied ausmacht. Die rational Kalkulierenden – 1001 Testberichte gelesen und das beste Preis-Leistungs-Verhältnis errechnet. Und schließlich die ideologisch

Korrekten – das Produkt, das am wenigsten mit dem eigenen Selbstverständnis kollidiert, wird zähneknirschend oder begeistert angenommen und weiterempfohlen.

Umgekehrt kann sich ein Owner, der auch auf dem lokalen Markt Produktmerkmale, Features und Ästhetiken braucht, die ihn von den anderen unterscheiden, dabei an den prototypischen Verbraucherkriterien orientieren, er kann die Verbraucher aber auch insofern ignorieren, als er nur einer eigenen Idee folgt. Diese letzte Variante – die viel mit dem zu tun hat, was ich die »innere Marke« nenne – scheint ein guter Nährboden für das Heranwachsen von Marken zu sein: Man braucht dabei nicht nur an Steve Jobs und *Apple* zu denken. Auch *ECM*, dessen Gründer quasi stur einem bestimmten Qualitäts- und Klangideal folgten, ist ein gutes Beispiel dafür oder auch die *Hofpfisterei*, deren Eigentümer Ludwig Stocker, lange bevor der Ökoboom ausbrach, bei seiner Brotherstellung auf traditionelle Verfahren setzte und damit so viel Erfolg hatte, dass aus einer anfänglich lokalen Marke mittlerweile eine überregionale gewachsen ist.

Gleich, für welche Variante zur Herstellung eines Unterschiedes aufgrund welcher Motivation sich der Marken-Owner auch entscheidet, muss er anschließend Durchhaltevermögen beweisen. Das bedeutet, er muss den Kunden die Chance geben, diesen Unterschied zu erkennen und ihn zu erwarten. Wer eine Marke will, sollte Konzepte also nicht ohne Not wechseln.

In diesem Aspekt gleichen sich der Signifikant des Markenzeichens und das, was als Markenkern benannt wird – jenes ominöse Etwas, das unter allen Umständen mit der Marke verknüpft wird und bei dem Anpassungen zwar erlaubt sind, aber nur so weit, dass sie im Grunde gar nicht auffallen. Wenn zum Beispiel Gemütlichkeit eines der zentralen Merkmale der »Melone« ist, sollte der Wirt als Marken-Owner bei einer Renovierung seines Lokals höllisch aufpassen: Kaltes Neonlicht, Designerbestuhlung und Beschallung mit *industrial sounds* sind nicht das Mittel der Wahl, will er seine Marke nicht beschädigen. Gleiches gilt für das Getränkeangebot: Nähme unser Wirt seine regionalen, handwerklich gebrauten Biere zugunsten irgendwelcher Allerweltsmarken aus seinem Angebot, wäre der Untergang seiner Marke wohl besiegelt.

Schließlich ist im Hinblick auf das Marketing für den Owner einer lokalen Marke wichtig, dass er nicht nur medial – in Broschüren oder auf der Website – von sich und seiner Vision erzählen, sondern dies auch im persönlichen Kontakt mit Kunden, Nachbarn, Besuchern tun kann. Dadurch, dass sein Angebot so unmittelbar sichtbar und erlebbar ist, hat die Marke den unschätzbaren Vorteil der Authentizität und Glaubwürdigkeit – etwas, das sich überregionale, große Marken sehr hart erarbeiten müssen.

Die Möglichkeit eines solchen Dialogs bietet für den Marken-Owner unmittelbares Feedback, er erhält Informationen über den Markt und die Mentalität seiner Klientel. Hier findet täglich qualitative Marktforschung statt – oder genauer: Sie kann stattfinden, sofern der Marken-Owner intellektuell und mental in der Lage ist, solche Gespräche zu interpretieren und entsprechende Folgerungen aus ihnen zu ziehen. Unter Umständen werden aber Kunden auch feststellen müssen, dass nicht nur große Unternehmen und große Marken nicht sehr gut darin sind, zuzuhören und einen echten Dialog mit den Konsumenten zu führen. Gerade auf lokalen Märkten lässt sich die Hartleibigkeit von Anbietern gut beobachten, eine erstaunliche Resistenz gegen Anregungen und Wünsche gegen berechtigte Kritik und die Beanstandung von Mängeln. Oft lässt sich dann aber auch ebenso unmittelbar der auf kurz oder lang unvermeidliche Niedergang beobachten, der eintritt, sobald sich Angebotsengpässe – ohne die ein solches Verhalten auf Märkten nicht denkbar wäre – auflösen und Konkurrenten auf der Szene erscheinen, die »Markenfähigkeiten« besitzen.

Ein markenfähiger Anbieter wird über den unmittelbaren Kundendialog hinaus Diskurse auch medial verfolgen und versuchen, sich ein Bild über Trends zu machen, die für ihn und seine Angebote relevant werden könnten. So könnte es sein, dass der erwähnte *Huberwirt* seine Speisekarte um ein tägliches Biogericht erweitert hatte, bereits bevor ihn Kunden wiederholt auf diese Option aufmerksam machen mussten. Als Marken-Owner war ihm womöglich schon vor längerer Zeit durch Medien- und Konkurrenzbeobachtung aufgefallen, dass da etwas in der Luft lag. Und da er gleichzeitig ein Bewusstsein davon hatte, was seine Marke ausmacht, nahm er frühzeitig die Biovariante mit auf.

Im Grunde bin ich mit der Beschreibung der lokalen Märkte und ihrer Marken wieder nahe bei den Gedanken des *Cluetrain Manifesto*. Denn im Prinzip basieren sie auf der Vorstellung, dass das Internet und die sozialen Medien einen früher kaum vorstellbaren Effekt haben: dass der globale Markt strukturell einem lokalen Markt äquivalent werden kann und wird. Durch das *Cluetrain Manifesto* weht also die romantische Vorstellung von der unbeschränkten Skalierbarkeit des Dorfes bis hinauf zum *global village*. So viel Richtiges oder zumindest Bedenkenswertes daran ist, im Detail wird doch genauer darüber nachzudenken sein, welche Faktoren der Märkte und Markenkommunikation durch die Veränderung der Größenverhältnisse notwendig verzerrt und transformiert werden. Überregionale oder gar globale Dimensionen sind komplexer und unübersichtlicher. Die schiere Anzahl von Subdiskursen und Kommunikationsakten verhindert eine äquivalente Beobachtbarkeit. Daran ändert auch das Internet nichts. Der Einsatz von Algorithmen zur Auswertung der kommunikativ erzeugten Daten – oft als Lösung des Problems betrachtet – bedeutet die größte Veränderung, denn aus ihm folgt ein völlig anderer Modus der Beobachtung. Gleichzeitig wird Beobachtbarkeit durch das Internet völlig neu organisiert, weil sich zwar alle potenziell gegenseitig beobachten können, tatsächlich aber einige wenige, die selbst nur an der Oberfläche sichtbar werden (*Google* zum Beispiel), alle anderen beim Beobachten beobachten können. Dennoch werden Marken viel vom ursprünglichen Modell der lokalen Märkte und ihrer Gespräche lernen können – und müssen. In dieser Hinsicht hat das *Cluetrain Manifesto* recht. Wie viele andere mit guten Ideen und Intuitionen waren auch hier die Autoren ihrer Zeit voraus; die Virulenz ihrer Thesen wird sich aber bald erneut erweisen.

## Die innere Marke

Verkürzt könnte man sagen: Der Marken-Owner muss wissen, was er will. Er braucht eine orientierende Funktion für die Gestaltung seines Angebotes – ob Produkt oder Dienstleistung. Er braucht einen Pfad, auf dem er sein Angebot überhaupt erst einmal zu einem individuellen Etwas mit stabilem Wiedererkennungswert macht.

Ein Erfinder als Marken-Owner zum Beispiel, der ein innovatives Produkt entwickelt, kann die spezifischen Merkmale seines

Angebotes zur Vorlage für die Marke machen. Ein anderer lässt sich bei seiner Markenentwicklung ganz von seinem Geschmack beziehungsweise seinen Überzeugungen leiten oder konzentriert sich unwillkürlich auf das, was er besonders gut kann oder besonders gerne tut. Viele heute bekannte Firmen wurden von Menschen gegründet, die auf diese Weise innengeleitet handelten: Johanna Händlmaier, Margarete Steiff, Rudolf Diesel oder Henry Ford sind nur einige historische Beispiele dafür. Auch heutzutage gibt es die innengeleiteten Unternehmer noch, deren Marke mit ihrem spezifischen Angebot immer schon vorhanden und vorgezeichnet ist. Begabungen oder Überzeugungen des Unternehmers fließen also unmittelbar in ihre Angebote ein, deren übereinstimmende Merkmale Nutzer, Kunden, Beobachter in ihren Diskurs aufnehmen und in eine Erwartung an genau diese Angebote übersetzen. Interessanterweise muss dies dem Produzenten nicht einmal bewusst sein. Sei es, dass er aufgrund seines eigenen mentalen Modells einen blinden Fleck hat, sei es, dass er die im Diskurs entstandenen Zuschreibungen und Erwartungen aus welchen Gründen auch immer nicht zur Kenntnis nimmt. Er kann sich aber auch, dritte Möglichkeit, über die Außenwahrnehmung seines Angebotes täuschen, weil er selbst völlig andere Merkmale seiner Leistung als relevant setzt. Daraus folgt also: Marken sind eine spezifische Art, Wissen zu organisieren.

Markenzeichen und markierte Angebote evozieren ganze Bündel von Wissen. Dazu gehört nicht nur das über erwartbare Produkteigenschaften und -leistungen, sondern auch das Wissen darüber, welche Erwartungen und Bewertungen andere damit verknüpfen, also Diskurswissen. Sind markierte Produkte in gleichbleibender Art lange genug verfügbar, sodass sich im Diskurs Zuschreibungen, Erwartungen und Bewertungen herausbilden können, entstehen Marken oft ohne größeres Zutun des Marken-Owners. Das meine ich, wenn ich davon spreche, dass Marken emergieren können. Mittel- und langfristig sind solche Marken aber ohne gezieltes Handeln des Marken-Owners nicht überlebensfähig. Die hierfür erforderliche Markenführung setzt ein Wissen voraus entweder darüber, welche der eigenen Prinzipien Produkte zu Markenprodukten haben werden lassen, oder darüber, wie die Marke im Diskurs aufgeladen und behandelt wurde und wird. Im besten Falle ist beides bekannt.

Tatsächlich ist Unternehmern und Managern ihre Marke oft nicht bewusst. Sie kennen eben nicht die Faktoren, die sich bei Kunden und Beobachtern als diskursive Beschreibung der Marke entwickelt haben. Sie sind sich aber auch nicht im Klaren darüber, wie die Marke im Inneren wirkt, welchen Stellenwert sie in der Unternehmenskultur besitzt. Dabei setzt ja die Tatsache, dass sich sozusagen unbemerkt eine Marke entwickelt hat, eine Reihe richtiger und in sich logischer Entscheidungen voraus. Unternehmen mit einer vorbewussten, unausgesprochenen Markenkultur ziehen häufig auch bestimmte Typen von Mitarbeitern an, die sich mit den unausgesprochenen Werten und Prinzipien identifizieren, nach denen sich das Unternehmen selbst organisiert. Mitarbeiter lernen in der täglichen Arbeit, was hinsichtlich Kunde und Produkt wichtig ist – und was niemanden ernsthaft interessiert. »Kultur ist, was einer Gruppe wichtig ist«, definierte die Anthropologin Mary Douglas einmal knapp und griffig. Eigentümergeführte Unternehmen entwickeln daher oft starke Kulturen, innerhalb derer in entscheidenden Punkten gleich gehandelt und die Aufmerksamkeit zuverlässig gleich ausgerichtet wird: Qualitätsmängel werden nicht in Kauf genommen, Akkuratesse und Schnelligkeit in der Bedienung des Kunden haben einen hohen Stellenwert, Fairness im Umgang mit Partnern wird Profit-maximierung vorgezogen, auf bestimmte Qualitäten der Produkte wird besonderer Wert gelegt etc. All das sind Faktoren, die die Herausbildung einer Marke begünstigen.

Das System solcher unternehmenskultureller Faktoren, also die an Erfahrungen gewachsenen und auf die Ausgestaltung des Angebotes sich auswirkenden Werte und Prinzipien nenne ich die »innere Marke«. Bei Unternehmen, die ihre Marke definiert und Markenführung sowie professionelles Marketing haben, kann die innere Marke mehr oder weniger stark von der offiziellen Marke abweichen, wie wir noch sehen werden.

Steht eine Organisation dagegen erst an der Schwelle zur Markenbildung, kann der Marken-Owner so lange für die weitere Entwicklung der Marke nichts tun, solange ihm nicht bewusst ist, dass er bereits eine solche besitzt. Das Hinzuziehen einer Agentur oder eines Beraters in der Absicht, sich eine Marke schaffen zu lassen, zeugt dabei zwar von einer richtigen Intuition, die da sagt, irgendwie hat sich da etwas getan, das nach einer offiziellen Marke verlangt, aber auch von der Vorstellung, dass die Marke etwas rein Äußerliches ist, mit dem man Angebot und Kommunikation ausstattet. Ein umso erstaunlicherer Gedanke, als der Marken-Owner ja die Erfahrung gemacht hat, dass sich sein Erfolg einer Reihe konsistenter Entscheidungen verdankt, die einer rekonstruierbaren Logik folgen. Solange allerdings nicht verstanden wird, dass Marke etwas der Organisation Wesentliches ist, aus ihr erwächst und auf sie zurückwirkt, kann es keine ernst zu nehmende Markenentwicklung und Markenführung für das Unternehmen geben.

Die Grundlage, auf der die innere Marke sich bildet, sind immer Annahmen über die Gründe für den – relativen – Erfolg des

Unternehmens. Es sind Erklärungsmodelle, die zeigen sollen, was das Unternehmen und seine Produkte auszeichnet, besonders macht, beliebt macht. Sie können zum einen sehr personenbezogen sein, das heißt, das »Genie« der Gründerfigur wird für das Angebot und seinen Erfolg am Markt verantwortlich gemacht oder einzelne Abteilungen im Unternehmen rechnen sich den Erfolg zu: Entwicklungsabteilung und Produktion sehen in den innovativen Merkmalen und der Qualität der Produkte den Erfolgsfaktor, der Vertrieb erkennt ihn dagegen im eigenen Verkaufsgeschick. Die innere Marke ist in diesem Falle scheinbar gedoppelt und wird aus der Perspektive des Vertriebs anders aussehen als aus der von Herstellung und Entwicklung. Schließlich kann die Erklärung für den Erfolg aber auch in einem starken Wir-Gefühl und gemeinsamen Grundüberzeugungen liegen bezüglich Produkt oder Leistung oder auch Unternehmenstradition. Oder es können unternehmenskulturelle Werte wie Offenheit der Kommunikation, Freundlichkeit und gegenseitige Hilfe, Wertschätzung von Ideen und Kreativität sein, nach dem Motto: »Weil wir so sind, fühlen sich auch unsere Kunden bei uns so wohl.«

Die Rekonstruktion der inneren Marke beginnt also mit einem Akt der unternehmenskulturellen Archäologie, in der das bis dahin nur intuitiv, vorbewusst vorhandene Wissen an die Oberfläche kommt. Die Betrachtung und Explizierung der internen Erklärungsmodelle für das Zustandekommen von unternehmenstypischen Angeboten und für deren Erfolg bieten jedenfalls dem Marken-Owner Möglichkeiten, seine noch schemenhaft und amorph vorhandene Marke besser konturieren zu können. Er erfährt, welche Merkmale seines Angebotes als kennzeichnend, herausragend, elementar wahrgenommen werden und worauf man ihr Vorhandensein zurückführt. Es geht also um die wahrgenommenen Qualitäten des Angebotes und deren Hierarchisierung sowie um die Offenlegung der Systematik hinter diesen Faktoren: Welche Werte, Kompetenzen und Prinzipien sind unverzichtbare Voraussetzungen dafür, dass das Unternehmen erwartbar immer wieder gleiche, unverkennbare Qualitäten mit seinen Leistungen verknüpfen kann? Im Hinblick auf die spätere Definition der Marke geht es dabei um die Bünde-

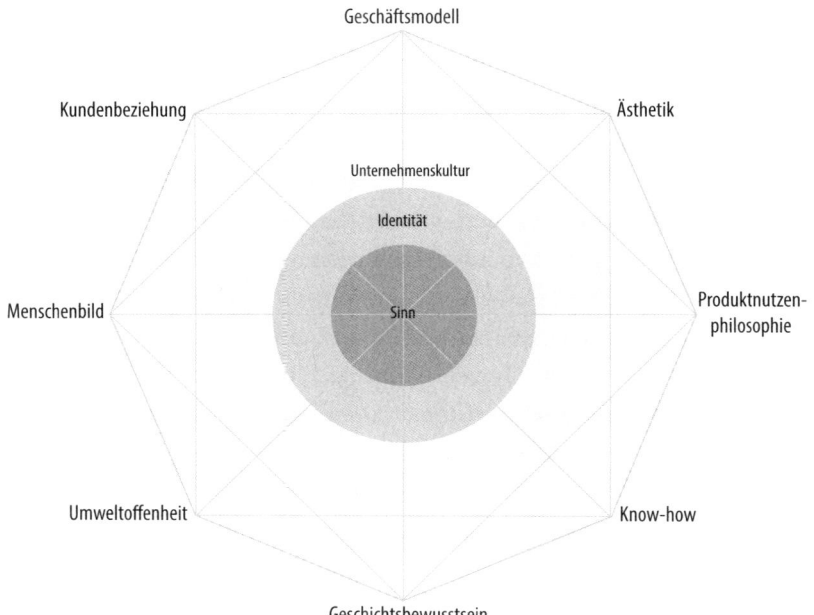

**Modell der inneren Marke**
Die acht Faktoren, die die innere Marke prägen, können unterschiedlich stark gewichtet sein und wechselwirken.

lung konkreter Merkmale und darum, daraus ein gemeinsames abstraktes Merkmal abzuleiten. Diese Abstraktheit garantiert, dass die Kernbestandteile der Marke nicht so schnell veralten und auf unterschiedliche Produkte und Leistungen angewandt werden können.

Jede Organisation hat ihre Geschichte und kann auch als Narration aufgefasst werden. Diese Narration besteht aus einer Vielzahl von Erzählungen und Beschreibungen von Angehörigen des Unternehmens übereinandergelegt wie kurz belichtete Einzelaufnahmen: Sichtbar wird dann die Struktur des Ganzen, alles, was Konstanz beansprucht. Im Hinblick auf die innere Marke ist hier alles von Bedeutung, was aus Sicht der Menschen in der Organisation erklärt, warum – und wie – das Angebot von Kunden angenommen wird. Jerome Bruner hat diese individuellen Theorien und Erklärungen als »Alltagspsychologie« bezeichnet, die sich eben in dem äußert, was wir erzählen und also eine narrative Struktur hat: »Die reziproke Beziehung zwischen den wahrgenommenen Zuständen der Welt und den eigenen Wünschen, die einander wechselseitig beeinflussen, gibt dem menschlichen Handeln eine subtile Dramatik, die auch die narrative Struktur der Alltagspsychologie erfüllt.«[16] Die Erklärung des Erfolgs eines Produktes – und das alltagstheoretische Modell dahinter – steckt also in den Erzählungen über die Firma und die eigene Rolle darin. In diesen Erklärungen spielen immer wieder dieselben Referenzen, allerdings in unterschiedlicher Gewichtung, eine Rolle: das Geschäftsmodell (Prinzipien hinsichtlich Wachstum, Profit, Marktpositionierung etc.), die Ästhetik (Relevanz von Design), die Produktnutzenphilosophie (Funktionen des Produktes) das Know-how (spezifisches Wissen und Können), das Geschichtsbewusstsein (Gründerfiguren, Traditionen, regionale Ursprünge etc.), die Umweltoffenheit (Haltung zu sozialen, ökologischen, politischen Fragen), das Menschenbild (Einstellung zu Stakeholdergruppen), die Kundenbeziehung (zwischenmenschlich-emotionale Haltung).

Die Kenntnis des internen mentalen Systems verhilft dem Marken-Owner dazu, zu entscheiden, welche Eigenschaften seines Produktes, seiner Leistungen, seiner Firma er nach außen kommuniziert, nämlich genau diejenigen, bei denen sich hohe Übereinstimmung und Energie vonseiten seiner Belegschaft zeigt. Er kann sich sicher sein, dass in diesen Punkten seine Marke intern auch »gelebt« wird, dass also seine Mitarbeiter engagiert und aufmerksam gegenüber denjenigen Faktoren sind, die zur Erfüllung seines Markenversprechens nötig sind. Er kann aber in bestimmten Fällen auch sehen, bezüglich welcher Aussagen in der Außenkommunikation es zuvor interne Veränderungen braucht und wo genau man ansetzen muss, um etwa eine Marke zu verändern, wenn sie schwächelt.

Gehen wir die acht Felder der inneren Marke im Uhrzeigersinn kurz durch, um zu sehen, welche Faktoren hier im Einzelnen eine Rolle spielen und wie sie miteinander in Beziehung stehen können.

■ *Geschäftsmodell*
Der wohl wichtigste Unterschied zwischen Unternehmen ist, ob ein Geschäftsmodell auch aus der Innensicht erkennbar ist und konstant bleibt oder eben nicht. Eine klare Strategie bietet auch eine klare Orientierung für alle und lässt meistens auch die anderen Faktoren, die für die Marke vordergründig von größerer Bedeutung sind, erkennbar werden und verlässlich wirken. Die Voraussetzungen für eine starke in-

nere Marke sind in diesem Falle sehr gut. In marketinggetriebenen Unternehmen – von markengetriebenen unbedingt zu unterscheiden – wird das Nachlassen von Produktqualität oder die unzureichende Hinwendung zum Kunden in Kauf genommen, solange davon auszugehen ist, all das durch massive Werbemaßnahmen kompensieren zu können. Eine innere Marke, auf die sich aufbauen ließe, wird es dann eher nicht geben.

- *Ästhetik*
  Ein eigener Stil, eine unverkennbare ästhetische Sprache oder hohe ästhetische Ansprüche können im übertragenen Sinne zum Markenzeichen eines Unternehmens werden und stark mit seiner Identität verknüpft sein. In Branchen wie Mode, Schmuck, Einrichtung liegt es nahe, dass Ästhetik zum Produkt gehört und unter Umständen sogar seinen zentralen Nutzen ausmacht. Aber auch bei Dienstleistern oder im Handel kann Ästhetik – jenseits der Produkte – zum wichtigen Element der Unternehmenskultur werden.

- *Produktnutzenphilosophie*
  Marken emergieren häufig dann, wenn ein Unternehmen seine Aufmerksamkeit konsequent auf einen bestimmten Aspekt des Produktnutzens richtet und diesen quasi auf die Spitze treibt. Robustheit, Langlebigkeit, intuitive Bedienbarkeit, Multifunktionalität oder auf die Spitze getriebene Reduktion etc. können zu Merkmalen werden, die unterschiedliche Produkte einer Marke gleichermaßen auszeichnen und denen Materialität, Konstruktion und Design untergeordnet sind.

Die innere Marke kann von einer Produktnutzenphilosophie geprägt sein, in der die Nutzendefinition sich stark auf
eine Funktion bezieht, die ursprünglich nicht zu den primä-
ren kulturell definierten Funktionen des Produktes gehörte.
Dass Schuhe auch bequem sein dürfen, hat sich erst im Laufe
der 1970er- und 1980er-Jahre kulturell etabliert, spätestens
mit dem Auftritt von Joschka Fischer im Hessischen Land-
tag in Turnschuhen – ein unverkennbar semiotischer Akt,
mit dem eine unangepasste Haltung und das Heraufziehen
einer neuen Ära mit einem bewussten Verstoß gegen geltende
Bekleidungscodes demonstriert wurden. Es dauerte dann
aber noch eine Weile, bis die Funktionen bequem und gesund kulturell so sehr aufgewertet waren, dass sie bis dahin
gültige ästhetische Maßstäbe für weite Teile der Bevölkerung
neutralisierten: Heute kann man sich, ohne allseits mitleidig
belächelt zu werden, in Sandalen von *Birkenstock* durch den
öffentlichen Raum bewegen. Die innere Marke kann stark davon geprägt sein, dass ein Produktnutzen im Vordergrund
steht, der allgemein zunächst nicht automatisch mit einer
Produktklasse assoziiert wird.

Ein anderes Beispiel zielt auf eine Spezialisierung, die
so leicht von Konkurrenten nicht einzuholen ist. Eine Ver-
triebs- und Handelsorganisation kann sich auf die ursprünglich sekundäre Funktion Beratung konzentrieren und seine
Mitarbeiter tendenziell von Distributoren von Waren zu Distributoren von Wissen umdefinieren. Der Nutzen des Angebots wird dadurch für den Kunden erhöht, er fühlt sich
*empowered*, gewinnt Vertrauen und zusätzliche Orientierung.
Die Produktnutzenphilosophie wird starke Auswirkungen auf
das Feld »Kundenbeziehung« haben. Und zusätzlich rückt

das Feld »Know-how« ins Blickfeld, weil die Mitarbeiter ihr Können und Wissen kontinuierlich pflegen und erweitern müssen.

- *Know-how*

Das Können, das spezifische Know-how, das ein Unternehmen prägt, legt mit hoher Wahrscheinlichkeit die Branche fest, in der sich ein Unternehmen und später auch die Marke bewegen. Aber »Können« kann auch eine Falle sein: Unternehmen mit Ingenieurkulturen, die umfangreiches Wissen und Spezialistentum auf einem bestimmten Sektor vereinen, bringen immer wieder technische Wunderwerke, die den Durchschnittsverbraucher technisch überfordern und gleichzeitig ästhetisch nicht punkten können. Der Niedergang der Handy-Sparte von *Siemens* Ende der 1990er- bis Anfang der 2000er-Jahre ist dafür ein schlagendes Beispiel.

- *Geschichtsbewusstsein*

Können und Werte von Gründerfiguren oder prägenden Managern können weit über deren aktive Ära hinaus wirken. Sie können kontinuierlich die Aufmerksamkeit eines Unternehmens auf bestimmte Diskurse richten, die nichts unmittelbar mit dem Produkt oder Angebot zu tun haben. Eine ähnliche Rolle können regionale Wurzeln und Traditionen spielen: Firmenzentralen verbleiben am Ursprungsort, auch wenn es ökonomische Gründe für eine Verlegung gäbe, Ausgangsprodukte werden regional bezogen, auch wenn der Weltmarkt billigere Alternativen bietet. Viele Regionen sind mit einem Image verknüpft und stehen in der kulturellen Wahrnehmung für ein bestimmtes Können oder einen bestimmten Stil.

Für die innere Marke kann ein solches Geschichtsbewusstsein, das Anknüpfen an Traditionen, regionale Identitäten und konstante Werte eine starke, orientierende Funktion haben.

- *Umweltoffenheit*
  Hierbei geht es um die Frage, ob und in welchem Ausmaß ein Unternehmer auch jenseits seiner ökonomischen Transaktionen an Wissen interessiert ist und inwieweit solches Wissen intern, in der Kommunikation der Unternehmensangehörigen, ein Thema ist. Die elementarste Form von Umweltoffenheit liegt in Organisationen vor, in denen die Beziehungen zum Kunden stark ausgeprägt sind. Je mehr und je intensivere Kommunikation mit dem Kunden es gibt, desto mehr Geschichten werden im Unternehmen verfügbar sein, die über mehr und anderes erzählen als lediglich über dessen Zufriedenheit mit dem Produkt, dem Service, dem Angebot. Umweltoffenheit bedeutet, dass es in der Organisation Personen geben muss, die sich für diese Geschichten interessieren, *und* dass es geeignete – formelle oder informelle – Prozesse geben muss, die das in ihnen enthaltene Wissen zu interpretieren, zu bewerten und potenziell zu verwerten helfen. Mit anderen Worten: Das Unternehmen muss in der Lage sein, zu lernen und aus dieser Art der Umweltbeobachtung Schlüsse zu ziehen. Eine Tradition der Umweltoffenheit hat immer auch starke Effekte auf die innere Marke.

- *Menschenbild*
  Relevant hierfür sind Annahmen darüber, was Menschen antreibt und motiviert, worin Leistung besteht und woran man sie erkennt, über die Grenzen der Zumutbarkeit von Anpas-

sung an Vorgaben und Ziele, über die Gültigkeitsbereiche von Werten und Tugenden und deren Hierarchisierungen. Mitarbeiter erleben täglich, welche Rahmenbedingungen und versteckte Regeln in ihrer Organisation gelten und folgern sehr wohl, welche der Annahmen der Organisation ihr zugrunde liegen. Welcher Charaktertyp wird mit welcher Wahrscheinlichkeit im Unternehmen Karriere machen und welcher nicht? Wie demokratisch ist die Organisation? Wie viel Entscheidungsspielraum hat der Einzelne? Zählen Erfahrung und Wissen mehr als hierarchische Position und Funktion? Wie transparent sind Ziele, Strategien, Ergebnisse? Was sind die beobachtbaren Kriterien für Erfolg?

Das interne Menschenbild wird immer Auswirkungen auf Ausgestaltung und Wahrnehmung aller anderen Felder der inneren Marke haben. Und die Inhalte jeglicher Außenkommunikation werden von innen her immer auch daraufhin beobachtet, wie sie sich zum intern erlebten Menschenbild verhalten: Das Unternehmen und seine Marke können als authentisch, glaubhaft oder als ganz und gar zynisch interpretiert werden. Unzweifelhaft korreliert das Feld »Menschenbild« im Zusammenhang mit der Produktnutzenphilosophie, der Kundenbeziehung und der Umweltoffenheit stark mit dem Kern des Konstruktes, dem Sinn.

- *Kundenbeziehung*
  Kundenorientierung besteht meist in der Organisation von Prozessen, die den üblichen Service, die Abwicklung von Reklamationen etc. standardisieren und erleichtern sollen. Ob sie tatsächlich dem Kunden nutzen (sollen), ist eine andere Frage. Kundenorientierung kann sich aber auch in Prozes-

sen äußern, die Leistungen schneller, zuverlässiger, individueller erbringen. Für die Mitarbeiter nimmt der Kunde dann mental tatsächlich Gestalt an und der Kontakt wird als zwischenmenschliche soziale Handlungen interpretiert. Der Volkswirt und Philosoph Birger P. Priddat prophezeite in einem Beitrag vor einigen Jahren, die Zukunft werde Unternehmen gehören, die gelernt hätten, »den Kunden zu lieben«.[17]

Die innere Marke ist demnach ein mentales, aus Kausalketten bestehendes Modell: Weil wir so sind, weil uns bestimmte Dinge wichtig sind und weil wir bestimmte Dinge auf eine bestimmte Weise tun, produzieren wir Angebote mit bestimmten positiven Eigenschaften, die angenommen, geschätzt, vielleicht sogar geliebt werden. Die innere Marke rechnet also Erfolg erstens kulturellen Faktoren und zweitens bestimmten Fähigkeiten und Operationsweisen zu. Sie enthält drittens Annahmen darüber, welche besonderen Eigenschaften des Angebotes auf diese Faktoren zurückzuführen sind, und schließlich viertens die Schlussfolgerung, dass es diese intern identifizierten Merkmale sind, die auch extern – am Markt – positiv wahrgenommen und angenommen werden.

Für die aktive Definition einer Marke können Elemente aus allen vier Kategorien genutzt werden. Begriffe, die wichtige kulturelle und identitäre Aspekte aufgreifen, können sehr wohl wichtige Bestandteile einer Definition der Marke durch den Marken-Owner sein, prägend für das Image von Unternehmen und Marke und vor allem deshalb wertvoll und verlässlich, weil sie der Kultur des Unternehmens gemäß sind und es wahrscheinlicher machen, dass die Marke auch in Zukunft gelebt wird. Was allerdings die Identifikation attraktiver Eigenschaften und die Annahmen über deren Wahrnehmungen durch die Kunden und am Markt anbelangt, so bedarf die Innenperspektive naturgemäß des Abgleichs mit der Außenperspektive. Die internen Schlussfolgerungen können stimmen – umso wahrscheinlicher, wenn die Organisation einen regen Dialog mit Kunden führt. Das Unternehmen kann aber auch beachtliche blinde Flecke an dieser Stelle haben und sich über die Ursachen seines Erfolgs beim Kunden gründlich täuschen. Nutzt man also die innere Marke, um eine aktive Markendefinition zu entwickeln, muss man sich ergänzend immer genau anschauen, wie die emergierte Marke in den Diskursen am Markt wirklich aussieht.

## Die innere Marke und der Diskurs

Ein Beispiel: Nehmen wir an, die Produktnutzenphilosophie eines Unternehmens fokussiert auf Einfachheit im oben beschriebenen Sinne, das Geschäftsmodell setzt auf Direktvertrieb im Internet und das Shop-System ist gemäß der Philosophie so stabil, übersichtlich, einfach bedienbar wie es die Zahlungsmöglichkeiten sind. Der Service und die Beziehung zum Kunden sind persönlich, zugewandt, und wenn doch mal etwas sein sollte, ist man schnell beim Kunden und löst unkompliziert sein Problem. Die Markensemantik, die sich aus den Beurteilungen in Foren, den Kommentaren der Kunden, in Gesprächen und aus dem Feedback der Kunden an die Firma ergibt, wird in so einem Falle eine Teilmenge der Elemente der inneren Marke sein. Innere und emergierte Marke scheinen perfekt zu matchen. Und dennoch können im Diskurs auch Schwächen der Marke sichtbar werden. Kunden können mehrheitlich den Eindruck haben, dass der Kauf der Produkte lohnt, es aber einen Wermutstropfen gibt: Die Philosophie der Einfachheit findet keine Entsprechung in einem Design, das Simplizität in Eleganz übersetzt. Auch hier würden zwar emergierte und innere Marke perfekt zusammenpassen, wenn Ästhetik in der inneren Marke tatsächlich keine Rolle spielte. Nur leider wäre dieses Matching im Effekt keine gute Nachricht. Gut daran ist nur, dass durch die Rekonstruktion und Bewusstmachung der inneren und der emergierten Marke deutlich werden kann, wo Entscheidungs- und Handlungsbedarf besteht, an welcher Stelle die gerade entstandene Marke ihren schwächsten Punkt hat und die größte Angriffsfläche für Wettbewerber bietet. Der Marken-Owner kann dann damit beginnen, die innere Marke gezielt zu modifizieren, kann aber auch bei seiner Linie bleiben und entscheiden, genau die Marke – innen wie außen – haben zu wollen, die sich entwickelt hat.

Entscheidungen von Marken-Ownern, bei einer gewählten Linie zu bleiben, obwohl der Markt etwas anderes zu fordern scheint, sind gar nicht so selten, wie man denkt. Beharrlichkeit ist eine unternehmerische Tugend. Man denke nur an den Erfolg von Firmen, die unter Verzicht auf höhere Marktanteile über längere Zeit bei einer Linie geblieben sind, die noch nicht mehrheitsfähig war beziehungsweise gar nie sein wollte. Ob dann irgendwann der große Durchbruch erfolgt – *Apple* ist vielleicht das derzeit populärste Beispiel dafür – oder ob ein Unternehmen langfristig und stabil seinen Platz in einer sogenannten Marktnische findet – der *Manufactum*-Katalog steht anschaulich für diese Wahl –, ist eine andere Sache. Jedenfalls sucht sich eine starke innere Marke ihren Markt und ihre Kunden oft selbst und wird dabei umso erfolgreicher sein, je bewusster sie dem Marken-Owner ist und je besser sie gepflegt wird.

Die Fixierung unserer Aufmerksamkeit auf die Konzerne und großen Marken und damit auch auf den Lärm, den die Werbung permanent erzeugt, lenkt uns von der wichtigen Tatsache ab, dass die Vielfalt unserer Ökonomie, unserer Märkte und Angebote sich nicht zuletzt starker innerer Marken verdankt. Ohne sie sind Pionierunternehmen, die Trends nicht einfach vorwegnehmen, sondern ihnen eigentlich den Weg erst bereiten, nicht denkbar.

*Don't believe the hype!* Der skandinavische Outdoor-Ausrüster mit dem Polarfuchs im Markenlogo, *Fjällräven*, erfreute sich im Jahr 2016 mit seinem Rucksack *Kånken* einer geradezu aufsehenerregenden Beliebtheit bei jungen urbanen Käufergruppen: Geschäftsführer Martin Axelhed sagte dazu im Gespräch mit der *FAZ*: »Es war nie unser Ziel, besonders trendig oder modisch zu sein. Wir haben das nicht befeuert und auch keine besondere Marketingkampagne gestartet. [...] Die Nachfrage ist im Moment viel größer als das Angebot. Aber wir wollen nur in einem Maße wachsen, in dem wir die Qualität unserer Produkte kontrollieren können.«[18] Auf der Website des Unternehmens wird zu nahezu allen inhaltlichen, für die innere Marke wichtigen Feldern ausführlich und transparent Stellung bezogen. Daraus geht deutlich hervor, dass man sich bei *Fjällräven* der eigenen, inneren Marke durch und durch bewusst ist, woraus sich auch ein starkes Markenprofil für die Kunden ergibt. Ob und inwieweit das den trendigen Käufern des Rucksacks *Kånken* bewusst ist oder dessen Erfolg auf völlig anderen diskursiven Zuschreibungen beruht, interessiert den Marken-Owner, wie das Interview zeigt, nur mäßig.

## Innere Marke, Diskursmarke und Markenkommunikation

Es geht in der Kommunikation von Markenzeichen immer auch darum, welche Art von Wissen für welche Kommunikationspartner vorausgesetzt werden kann: Fans einer Marke werden voneinander einen deutlich größeren Wissensschatz erwarten als von Nichtinteressierten. Die Bewohner einer Stadt oder Region werden untereinander die Kenntnis lokaler Marken voraussetzen, die sie von Fremden nicht erwarten. Egal, wie weit die Bekanntheit solcher Marken reicht, die Nutzer des Markenzeichens im Diskurs werden immer auch wissen, dass es neben Merkmalen, von deren Gültigkeit alle Zeichennutzer überzeugt sind, auch solche gibt, die als unterschiedlich zutreffend erachtet werden. Zur Markenbedeutung zählt immer auch Wissen über unterschiedliche Bewertungen durch unterschiedliche Beobachter: Sofern etwas als Marke wahrgenommen wird und das Markenzeichen im Diskurs eine Rolle spielt, weiß man immer auch, wie die Menschen, die die Angebote der Marke nutzen, zu typisieren sind und warum andere Gruppen sie nicht nutzen.

Ein Marken-Owner kann sich nun für beide Aspekte einer Marke – die Diskursmarke und die innere Marke – interessieren, nur für einen davon oder aber weder über die innere Marke noch über die Semantik seiner Marke in Diskursen wirklich Bescheid wissen. Solange er am Markt damit überlebt – kein Problem. Vielleicht nimmt er eine lokale Monopolstellung ein, hat einen Innovationsvorsprung, ist eine begünstigte Lage sein Vorteil, eine gnadenlose Preispolitik oder auch Kartellbildungen. Wir alle kennen solche Angebote, die wir als Verbraucher zähneknirschend annehmen, weil es an Alternativen zu fehlen scheint. Sehr viel lieber ist uns da schon der Marken-Owner, der ein offenes Ohr für Diskurse, insbesondere für die seiner Kunden hat und gleichzeitig seine innere Marke kennt und an ihr arbeitet. In dem Augenblick, in dem sich ein Marken-Owner der unterschiedlichen Dimensionen der Marke bewusst wird, drängt sich spätestens die Idee auf, das, was die Marke ist und ausmacht, auch zu beschreiben. Eine definierte Marke hat gegenüber einer lediglich »gefühlten«, intuitiv vorhandenen den Vorteil, dass sich sowohl in der Kommunikation nach außen als auch in der internen Kommunikation klare Anknüpfungspunkte bieten. Nur so kann für alle Beteiligten Orientierung entstehen.

Je besser also der Marken-Owner innere und diskursive Marke kennt, desto besser kann er aufgrund bestimmter Leitfragen Entscheidungen treffen. Er kann sich zunächst fragen:

*Welche Aspekte im Zusammenhang mit der inneren Marke will ich kontinuierlich und forciert nach außen kommunizieren?*
Das kann alles sein, was mit der für den Verbraucher wahrnehmbaren und erfahrbaren Form des Angebotes zu tun hat, es kann aber auch ein Aspekt sein, der mit dem Angebot selbst nur sehr mittelbar verknüpft ist: Ein Menschenbild etwa kann so sehr von Bedeutung sein, dass es in der Kultur eines Unternehmens einen erkennbaren Niederschlag findet und deswegen auch nach außen kommuniziert werden soll. Selbst wenn es vordergründig mit dem Markenzeichen und den markierten Produkten nicht in Zusammenhang steht, kann es so Bestandteil der Marke werden. Das Wissen über Besonderheiten des Unternehmens kann im Diskurs durchaus einen Unterschied machen und die Produkte attraktiver erscheinen lassen.

*Von welchen Aspekten im Zusammenhang mit der inneren Marke glaube ich, dass sie bei Verbrauchern besonders gut ankommen und meine Marke positiv von anderen Angeboten unterscheiden?*
Jeder Marken-Owner sollte sich fragen, welche Aspekte der Nutzenphilosophie, des Könnens, der Geschichte etc. gut zu Diskursen passen und damit für die Außenkommunikation Erfolg versprechend sind. Er kann auch so weit gehen, bewusst an der Entwicklung seiner inneren Marke und Unternehmenskultur zu arbeiten, um ein solches Matching auszuweiten.

*Welche Aspekte im Zusammenhang mit der inneren Marke sind mir so wichtig, dass ich sie nach außen kommunizieren will?*
Neben dem kruden Zweck, Profite zu erwirtschaften, kann der eigentliche Unternehmenszweck auch in der Verwirklichung einer bestimmten Produktidee mit positiven Folgen für Gesundheit, Ökosystem oder Wohlbefinden gesehen werden. Viele Bioproduzenten sagen von sich, dass sie nach dieser Logik handeln. Wenn ein Marken-Owner glaubwürdig kommuniziert, was ihm – jenseits von Profit und Produkt – wichtig ist, kann diese Botschaft auf Verbraucher treffen, denen das gleiche Thema am Herzen liegt, und diese Übereinstimmung zum Bestandteil der Marke werden.

Auch in diesem Fall gilt, dass eine Marke ihre Kunden selbst suchen und auch finden kann. Ab hier geht nun die notwendige aktive Kommunikation des Marken-Owners weit über die reine Information über Produkte und Leistungen seines Angebotes hinaus. Wichtig hierbei ist, ob er sie aus der Rekonstruktion der inneren Marke ableitet oder aus beliebigen anderen Quellen. Im zweiten Fall hat der Marken-Owner sich wahrscheinlich gefragt:

*Von welchen Aspekten im Zusammenhang mit aktuellen Diskursen glaube ich, dass sie bei Verbrauchern besonders gut ankommen und meine Marke positiv von anderen Angeboten unterscheiden, wenn ich sie kommunikativ mit solchen Inhalten verbinde?*

Mit dieser Fragestellung kann sich die Marke potenziell vom Produkt und von der inneren Marke gleichzeitig lösen und ganz auf den Diskurs einlassen. Diskurse als Ausgangspunkt für die kommunikativen Überlegungen zu wählen, kann dazu führen, dass sich der Marken-Owner im nächsten Schritt der inneren Marke zuwendet, um sich zu fragen, was er entsprechend anzubieten hat. Und wenn er fündig wird, wird eine ähnliche Kommunikation zustande kommen wie beim umgekehrten Verfahrensweg, der Rekonstruktion des Matchings von innen nach außen. In beiden Fällen geht der Blick durch die Marketingbrille. Bei der diskursorientierten Variante kann sich Aufmerksamkeit ganz auf passende Äußerungen konzentrieren und die Frage zu beantworten suchen:

*Was kann ich euch erzählen, von dem ich annehme, dass ihr es gerne hören wollt (und es dann mit meinem Markenzeichen verknüpfen)?*

Das ist die Ausgangsfrage, die zur Entstehung einer Textsorte führt, die ich im Folgenden als Werbung bezeichne und von anderen Textsorten, die der Marken-Owner produzieren kann, abgrenzen werde. An Werbung in dieser Auslegung des Begriffs lässt sich jedenfalls immer eine solche Entkoppelung der Beziehungen zwischen realem Angebot und realem Anbieter und Inhalten der werblichen Äußerung festmachen.

Was sich hier noch einmal deutlich zeigt, ist: Marke ist nicht gleich Marke. Unterschiedliche Markentypen resultieren aus dem Verhältnis von innerer Marke, Diskursmarke und Markenkommunikation. Geschichten, die in der Markenkommunikation als authentisch ausgegeben werden, sind eine hervorragende Informationsquelle selbst dann, wenn man die in ihnen behaupteten Tatsachen nicht oder nur teilweise überprüfen kann. Denn jenseits der Behauptungs- und Beschreibungsebene haben Geschichten ja auch immer eine interne Logik der Argumentation. Sie sollen und wollen etwas erklären und uns bestimmte Folgerungen nahelegen. Oft handeln die Geschichten, die Marken-Owner in die Welt setzen, vom Ursprung: Am Anfang stand eine Erfindung, eine Idee, ein Experiment, eine Vision. Wenn nun ein Unternehmen, das sich auf einen der Erfinder des Verbrennungsmotors bezieht, uns suggerieren wollte, dass es deshalb auch besonders befähigt sei, Elektroautos zu bauen, was sollen wir daraus schließen? Wird Tradition bemüht, weil man glaubt, dass Tradition respekteinflößend und vertrauenerweckend wirkt, oder bezieht sich Tradition in der Geschichte auf eine nachvollziehbare Kette von Fortschritten im Können, die schließlich in den Merkmalen der aktuellen Produkte münden? Bezieht sich die Story des Marken-Owners überhaupt auf das aktuelle Angebot, etwa indem es eine Erklärung dafür bietet, warum das Unternehmen tut, was es tut, und die Dinge genau so tut, wie es sie tut? *Fjällräven* beispielsweise setzt auf der Website deutlich auf solches Storytelling und schafft dabei immer wieder Verknüpfungen zwischen der Vergangenheit und dem Jetzt, der Mentalität des Gründers und dem Umgang mit Materialien und ergonomischen Merkmalen der Produkte, aber auch mit ökologischen Aspekten der Produktion.

Kann man, so kann der Verbraucher jetzt fragen, an den Produkten und Leistungen eines Unternehmens Merkmale wahrnehmen, die eine solche Geschichte plausibel erscheinen lassen, und bekäme man auf diese an den Marken-Owner gerichtete Frage – wenn überhaupt – eine befriedigende Antwort?

Der bewusste Konsument kann prinzipiell immer genau beobachten, wovon eine Marke spricht – und wovon nicht. Er kann anhand der Markenkommunikation versuchen, herauszufinden, was einer Marke wichtig ist – und was von dem, was in diesem Kontext wichtig sein könnte, bei dieser Marke keine Rolle spielt. Und er kann aus der Markenkommunikation immer Folgerungen über die Annahmen ziehen, die der Marken-Owner über ihn, den Verbraucher hat, welche Zielgruppen er anzusprechen versucht, welches Konzept von Relevanzen er den Konsumenten unterstellt.

## Vier Markentypen

In Abhängigkeit vom Kommunikationsverhalten und der inhaltlichen Ausrichtung des Marken-Owners ergeben sich vier Markentypen.

- *Markentyp I: Die stille Marke*
  Stille Marken sind selten geworden und waren vor allem auf lokale Märkte beschränkt, auf denen sie in Diskursen emergieren konnten. Allerdings schaffen Internethandel und Social-Media-Kanäle völlig neuen Spielraum für stille Marken, weil dort die Kunden für die Marke sprechen können.

- *Markentyp II: Die Angebotsmarke*

Im Regelfalle wird der Marken-Owner jede günstige Gelegenheit nutzen, sich zumindest über sein Produkt zu äußern, und dabei – jenseits der Standardinformationen, die Markt und Gesetz verlangen – auf besondere Merkmale hinweisen und sich bemühen, auch etwas zu den nicht sichtbaren Eigenschaften des Produktes wie Materialien und Inhaltsstoffe, Konstruktionsweise, Komposition etc. zu äußern.

Insofern findet hier schon eine erste Semiotisierung des Angebots durch den Marken-Owner statt. Denn: Was nicht unmittelbar beobachtbar und erfahrbar ist, muss zeichenhaft vermittelt werden.

Ausgehend von seinem Wissen oder zumindest seinen Vermutungen, welche Produktmerkmale den Diskursteilnehmern wichtig sind, wird der Marken-Owner in der Regel sich bemühen, darauf einzugehen. Wenn er Merkmale seines Angebotes in den Vordergrund rücken möchte, die er für neuartig und besonders hält, muss er mit seiner Beschreibung auch eine Erklärung verknüpfen und über Funktionen und Wirkungen sprechen, wobei er kaum darauf verzichten wird, mit alldem auch wertende Äußerungen zu verbinden und sein Produkt möglichst zu loben. Damit macht er ein doppeltes Gesprächsangebot: Er liefert den Diskursteilnehmern eine zusätzliche Grundlage für ihre Gespräche untereinander und bietet sich selbst als Adressat für Zustimmung oder Widerspruch an.

Immer mehr Äußerungen des Marken-Owners bringen auch immer mehr Komplexität in die Beobachtungs- und Austauschprozesse: Nicht mehr nur das Produkt und seine Eigenschaften werden beobachtet und als Erfahrung diskursiv ausgetauscht, die Ergebnisse solcher Beobachtungen und die Zuschreibungen, die sich aus dem Diskurs ergeben, können nun mit den Behauptungen des Marken-Owners verglichen und im Gespräch mit anderen als zutreffend oder unangemessen gewertet werden. Besteht erst einmal Konsens darüber, dass der Marken-Owner nie zu viel verspricht, wenn er seine Produkte darstellt, wird diese kommunikative Zuverlässigkeit in Form von Vertrauen Bestandteil der Marke.

- *Markentyp III: Die Identitätsmarke*
  Mit der Identitätsmarke wechselt der Marken-Owner im gewissen Sinne das Thema beziehungsweise bietet zusätzliche Themen an, die nichts mehr mit dem Produktnutzen an sich zu tun haben. Identitätsmarken können in Diskursen über Heimat oder Tradition ebenso auftauchen wie in solchen über Ökologie, soziale Gerechtigkeit oder Wirtschaftsethik. Damit lenkt die Identitätsmarke – ob willentlich oder nicht – die Aufmerksamkeit automatisch auf übergreifende Zusammenhänge, ihre Kommunikation macht deutlich, dass ökonomische Prozesse und Operationen Folgen für und Voraussetzungen in anderen Sphären unserer Lebenswelt haben. Identitätsmarken verweisen also immer auch auf den Zusammenhang von Wirtschaft und Gesellschaft.

  Es geht damit um die Idee, dass es andere Gründe geben kann, ein Angebot wahrzunehmen, als rein ökonomische oder unmittelbar nutzenorientierte. Gerade wenn man die Wahl unter ähnlichen Angeboten hat, kann es ausschlaggebend sein, ob einem der Marken-Owner, sein Unternehmen, seine Haltung oder sein Engagement sympathisch ist, weil man mit ihm in irgendeinem anderen Punkt übereinstimmt. Identitätsmarken sind in der Regel Beispiele für Marken, die sich ihre Kunden selbst suchen: Eine solche Marke wird selten als Ergebnis strategischer Markenplanung entstehen, sondern zunächst als Effekt einer starken inneren Marke und des entsprechenden Widerhalls in Diskursen emergieren.

Für solche Marken werden Zuschreibungen wichtig, die nicht mehr am Produkt selbst überprüfbar sind und auch nicht mehr an den Produktinformationen des Marken-Owners festgemacht werden können. Mit der Identitätsmarke kommt der Aspekt der Glaubwürdigkeit auf neue Weise ins Spiel. Der Marken-Owner lenkt einen Teil der Aufmerksamkeit auf sich selbst und muss es aushalten, entsprechend beobachtet zu werden. Weil er weiß, dass er und seine Organisation nun auch aufgrund der Konstanz bestimmter Operationsweisen, Haltungen und Werte beurteilt werden, sichert er bis zu einem gewissen Grade auch die Stabilität seiner inneren Marke ab: Es wird unwahrscheinlicher, dass Unternehmen mit einer Identitätsmarke über Nacht die Grundsätze ihrer Kultur über Bord werfen. Unternehmen mit Identitätsmarken sind folglich auch um eine gewisse Transparenz bemüht, da sie mit hermetischer Abriegelung und öffentlichkeitsscheuem Verhalten ihre Glaubwürdigkeit gefährden. Unternehmen mit Identitätsmarken neigen zu einer sogenannten *Branded-house*-Strategie: Verschiedene Angebote werden alle unter einem Markenzeichen kommuniziert, weil es die Organisation selbst ist, an der wesentliche Bedeutungen des Markenzeichens festgemacht werden.

- *Markentyp IV: Die Werbemarke*
  Identitätsmarken wie *dm, Hopfisterei* oder *Fjällräven* betreiben zwar in beträchtlichem Umfang Marketing, sind aber auffallend dezent in ihren werblichen Äußerungen. Werbemarken können theoretisch »zweigleisig« fahren und sich auch als Identitätsmarke positionieren – am ehesten wohl mit den Mitteln der PR –, müssen es aber nicht.
  Mit dem Äußerungstyp Werbung ist ein weiterer Grad an Loslösung der Inhalte der Äußerungen des Marken-Owners vom ursprünglichen Kontext erreicht: Werbung tendiert dazu, von den Zusammenhängen der Herstellung des Angebots abzusehen und den ursprünglichen Produktnutzen als selbstverständlich vorauszusetzen. Viele Werbeäußerungen zielen von vornherein auf Diskurse ab, die weit entfernt von pragmatischen Erwägungen der Tauglichkeit eines Angebots liegen. Offensichtlich ist das bei Werbung für Alkohol und Zigaretten.

Mit jedem Markentyp nimmt der Grad der Beobachtbarkeit und Überprüfbarkeit der Äußerungen des Marken-Owners ab. Es wird für die Diskursteilnehmer immer schwieriger, zu ermitteln, inwieweit die Äußerungen des Marken-Owners zutreffend und realitätsadäquat sind. Das trifft auf Werbemarken mit Abstand am meisten zu. Zur Beurteilung der angebotsbezogenen Äußerungen muss der Diskurs schon Alltags- und zunehmend auch Fachwissen über Produkte heranziehen wie auch Wissen über die konkreten Eigenschaften vergleichbarer Produkte. Angebotsmarken fordern den Verbraucher indirekt zum Vergleich von Qualität, Preis und Funktionalität etc. auf. Zur Beurteilung von identitätsbezogenen Äußerungen braucht es zusätzlich Wissen über ökonomische Sachverhalte, über Organisationen, über Geschichte etc. Um nur ein Beispiel zu nennen: Wenn eine Bank sich ausdrücklich als Genossenschaftsbank positioniert und ihr Selbstverständnis aus dieser Gesellschaftsform bezieht, muss man einiges über das Genossenschaftswesen, seine Geschichte, seine wirtschaftsphilosophischen Grundlagen wissen, um beurteilen zu können, was das bedeutet und wie die konkreten Angebote und Entscheidungen dieser Bank zu beurteilen sind. Kommt dann auch noch Werbung dazu, verkompliziert sich die Sache theoretisch noch mehr: Wissen über Werbung, über Medien, über Intertextualität, Stile, über aktuelle Diskursthemen und ihre Behandlung, über soziale Distinktionsmodelle etc. kann hier wichtig werden.

Markenkommunikation ist eine ständige Herausforderung des in Diskursen vorhandenen und relevant gesetzten kulturellen Wissens und konfrontiert die Diskursteilnehmer immer auch mit ihrem Nichtwissen. Sie muss also nicht nur vorab zu klären versuchen, welches Wissen bei den Adressaten vorausgesetzt werden kann und in Diskursen als relevant gilt, sie muss auch eine Entscheidung darüber fällen, welches Wissen sie als relevant setzen und aktiv in die Diskurse einspeisen will.

Stille Marken und Angebotsmarken setzen auf spezifisches Wissen im Zusammenhang mit Produkten und dem Markt: Sie verbleiben auf dem Markt der Waren, sind ökonomische Objekte. Das heißt aber nicht, dass der Diskurs der Konsumenten sie nicht zu mehr machen könnte: Alles, was »Kult« wird, überschreitet die Grenze des rein Ökonomischen. Und ein solches Transzendieren geschieht eben häufig genug ohne das Zutun des Marken-Owners, während umgekehrt dann, wenn mit aller Macht und beachtlichen Budgets versucht wird, Kult zu werden, oft genug nichts erreicht wird. Eine Marke zu »führen« heißt eben nicht, sie »steuern« zu können.

Identitätsmarken docken immer auch an Diskurse an, die nicht oder nur sehr lose mit Fragen des Produktnutzens, des wirtschaftlichen Kalküls des Homo oeconomicus gekoppelt sind. Die Identitätsmarke ist stets verbunden mit einer Wiedereinführung von Themen, die der ökonomische Diskurs bereits als nicht relevant für Kaufentscheidungen ausgeklammert hatte. Nicht selten geht es dabei um das trotzige Widerlegen ökonomischer Leitüberzeugungen wie etwa der, bestimmte Produktklassen könnten mit regionalen Ressourcen zu vernünftigen Preisen nicht mehr hergestellt werden oder seien nur um den Preis nicht nachhaltiger Produktion zu haben. Man denke nur an den Bekanntheitsgrad der Thesen eines Wolfgang Grupp und seiner Marke *Trigema*. Deshalb wirken Identitätsmarken häufig wertkonservativ. Auch wenn sie jung, modern und avantgardistisch erscheinen, beziehen sie sich konkret auf Werte, die (noch) nicht mehrheitsfähig oder Mainstream sind. Genauso konkretistisch sind Identitätsmarken im Hinblick auf das Unternehmen: Es muss in mehrfacher Hinsicht gut beobachtbar sein und von außen auf die Stimmigkeit seiner Aussagen hin überprüft werden können. Deshalb eignet sich die Identitätsmarkenstrategie für Familienunternehmen besser als für Konzerne im Streubesitz und Holdings. Wissen über das Unternehmen selbst ist Voraussetzung dafür, dass eine Identitätsmarke im Diskurs bestehen kann. Damit ist dieser Markentyp mit hohen Risiken ausgestattet; er hängt in höherem Maße und auf komplexere Weise von Glaubwürdigkeit ab als eine Angebots- oder Werbemarke. Der Owner einer Identitätsmarke muss gleichzeitig die Angebotsqualität aufrechterhalten, die innere Marke im Blick behalten und im Einklang mit seinen geäußerten Überzeugungen bleiben. Ich tendiere daher dazu, Identitäts-marken auch als Ausdruck einer bestimmten unternehmerischen Haltung zu sehen, bei der ein Risiko – aus Überzeugung und dem Glauben an die eigene Beständigkeit – bewusst eingegangen wird.

Für die Strategie der Werbemarke dagegen hat der Marken-Owner die Freiheit, viel oder wenig Wissen über seine Angebote in den Diskurs einzubringen. Er kann tunlichst vermeiden, etwas über sich, sein Unternehmen, die Bedingungen des Zustande-kommens seines Angebots zu äußern, oder auch der Meinung sein, dass das für seine Marke gerade nützlich ist: Identitäts- und Werbemarke können ja auch kombiniert werden. Er kann schließ-lich immer wieder neu entscheiden, welche Diskursthemen er in seinen Werbeaktivitäten meiden und welche er aufgreifen will, und sogar dazu beizutragen versuchen, Diskurse zu entfachen – und sei es darüber, was Werbung darf. Das führen derzeit wie-der einmal die Erfinder von *true fruits* vor, die mit provokan-ten Werbeslogans wie »Samenspender« oder »Oralverzehr« für ihre Smoothies werben und damit viel Wirbel verursachten. Im Interview darauf angesprochen, betont der marketingverantwort-liche Mitgründer Nicolas Lecloux, dass er durchaus akzeptiere, wenn sich Kunden aufgrund seiner Werbung für andere Pro-dukte entscheiden, und fährt fort: »In erster Linie braucht es ein exzellentes Produkt. In unserem Fall: beste Früchte, außerge-wöhnliche Zutaten und die Liebe zum Detail bei der Verpackung. In der Kommunikation transportieren wir dann die Lebens-freude unserer Mitarbeiter. Und hier arbeiten eben echte Men-schen und keine Roboter. Das spüren die Kunden und das macht die Marke authentischer als andere. Den ganzen Marketingzir-kus kann man im Prinzip aber vergessen, wenn das Produkt die hohen Erwartungen nicht erfüllt.«[19]

Das klingt entschieden nach einer Strategie, die auf die Kopplung von Identitäts- und Werbemarke setzt. Entsprechend intensiv erzählen die Gründer auf der Firmen-Website und in Interviews immer wieder ihre Story, verweisen auf Zusammensetzung und Inhaltsstoffe ihrer Produkte, auf die Herkunft der Früchte und vieles mehr.

Werbung ist damit immer auch der Versuch, Aufmerksamkeit auf bestimmte Mengen von Wissen zu lenken und von bestimmten anderen Wissensmengen abzulenken. Ob und inwieweit dies gelingen kann, sei erst einmal dahingestellt. Tatsache ist, dass es unter den heutigen Bedingungen für uns immer leichter wird, auch zu erkennen, wovon eine Marke in ihrer Werbung nicht spricht – vor allem auch im Vergleich zu dem, was im Diskurs bezüglich der Marke und ihrer Hintergründe alles gewusst und als relevant behandelt wird.

Wer im klassischen Sinne Markenwerbung betreibt, wird zudem damit umgehen müssen, dass bei den Diskursteilnehmern Wissen über andere Werbung existiert: Damit entstehen eine Reihe von Problemen, die mit dem Zwang zur Abgrenzung, zur Originalität und dem ständigen Kampf um die verbleibende Aufmerksamkeit der Kunden zu tun haben. Diese Probleme sind gravierend, für alle Beteiligten. Und wir erleben gerade eine Phase, in der dies alles unübersehbar geworden ist.

## Warum Unternehmen Marken brauchen

Anhand des Modells der inneren Marke lässt sich die ganze Komplexität der zwischen Marke, Organisation und Unternehmenskultur bestehenden Beziehungen ermessen. Bei jeder Produktinnovation, jeder Angebotsvariation, bei jeder strukturellen

Veränderung der Organisation und jeder mit alldem verbundenen kommunikativen Äußerung stehen erneut Entscheidungen an, die eine Marke weiter formen. Alles, was sich nicht zwingend von selbst ergibt und alternativlos ist (oder zu sein scheint), muss vom Marken-Owner ständig neu entschieden werden.

Marken bieten nicht nur am Markt Orientierung für uns als Konsumenten, sondern sie bieten auch Orientierung nach innen, in einer Organisation, insbesondere denjenigen, die Entscheidungen treffen sollen. Eine Marke, die innerhalb der Organisation explizit beschrieben und definiert ist *und* auch ernst genommen wird, fungiert als Handlungsanleitung und Entscheidungsleitlinie für Fragen, die eben nicht nur im Hinblick auf die Außenkommunikation, sondern für die Organisation insgesamt entstehen.

Sei es die Frage nach den Erwartungen der Kunden an das mit einem Markenzeichen versehene Angebot, die wichtig ist für die Markendefinition, oder die Frage der nach außen vermittelten Selbstbeschreibung, die ein Bewusstsein der eigenen Kultur und der inneren Marke voraussetzt. Dabei ist unabhängig von der jeweiligen Antwort offen, ob im Diskurs diese Selbstbeschreibung als irrelevant behandelt oder zum festen Bestandteil der Markensemantik avancieren wird.

In dem Moment, wo die Markenbedeutung als ein diskursives Phänomen begriffen wird, wird klar, dass eine allgemein bekannte und als relevant erachtete Zuschreibung an den Marken-Owner zum Bestandteil der Markensemantik werden kann. Und zwar mit oder ohne Zutun des Marken-Owners. Forciert der Marken-Owner diesen Prozess und schiebt sozusagen aktiv Imagefaktoren in die Markenbedeutung, ergibt sich dadurch ein wesentlich höherer Grad an Verbindlichkeit. Demgegenüber versuchen viele Unternehmen, ihr Image so zu gestalten, dass es möglichst wenig mit Marke verbunden wird: Schlägt ein Image-schaden erst einmal bis auf die Marke durch, ist die Not groß. Was dann passiert, lässt sich am Beispiel von Bankenwerbung nachvollziehen: Im Extremfall wird die Marke durch die Funktion definiert, den Imageschaden zu reparieren – wodurch sie permanent genau auf das Problem verweist, das sie beheben soll.

Eine definierte Marke hilft dem Marken-Owner ebenfalls bei der Entscheidung, woraufhin er eigentlich den Markt beobachten soll. Unternehmen können ihre Umwelten auf alles Mögliche hin abtasten. Sie können versuchen, keinen Trend zu verpassen, andauernd darauf schielen, was die Konkurrenz tut und wie sie es tut, permanent neue Dinge ausprobieren und sehen, was dabei herauskommt. Das große Risiko dabei ist, dass sie auf diese Weise Ressourcen verschwenden, im Innern hohen Druck erzeugen und zur permanenten Umorganisation tendieren werden – mit der Folge einer Desorientierung und Demotivation von Mitarbeitern, Partnern und Kunden. Wenn dagegen dem Marken-Owner und seiner Organisation bewusst ist, wofür die Marke steht, was die Angebote auszeichnen soll, was Konsumenten von ihnen erwarten können, was ihnen wichtig ist und woran andere das erkennen können, dann wird diesen Aspekten automatisch besondere Aufmerksamkeit zukommen und es kann eine Orientierung daraus erwachsen, die allen Beteiligten Sicherheit gibt. Marken können das unter bestimmten Voraussetzungen leisten und dafür sorgen, dass *alle* Stakeholder wissen, was sie von einem Unternehmen zu erwarten haben.

Wo eine Marke mit definierten Werten und zu erfüllenden Erwartungen existiert, sind diese Prüfsteine für die Beobachtung der eigenen Entwicklung und des Feedbacks von außen. Das Wort »Markenversprechen« ist einer der brauchbarsten und treffendsten Begriffe im Marketingvokabular. Anhand dieses Versprechens lässt sich erst nachvollziehen, wie weit das Einverständnis zwischen Anbieter und potenziellen Kunden reicht. Die Frage »Woran merken unsere Kunden, dass wir das halten, was wir versprechen?« lässt sich nur sinnvoll beantworten, wenn man ein solches Versprechen auch formuliert hat.

Aus semiotischer Sicht stellt eine Markendefinition eine strukturierte Menge an Konnotationen dar. Aus Sicht des Marken-Owners sollten diese als objektive Konnotationen in die Bedeutungsmenge des Markenzeichens und in den Diskurs eingehen und dort möglichst viele Anhänger finden. Der Marken-Owner möchte, dass auf eine bestimmte Weise über seine Marke gesprochen und ihr damit eine bestimmte Bedeutung gegeben wird. Idealerweise würden am Ende eines solchen Prozesses die Vorschläge des Marken-Owners für konnotative Bedeutungselemente in die Grundbedeutung seines Markenzeichens übergehen.

Für die Unternehmenskommunikation bildet aber die Markendefinition zunächst einmal so etwas wie einen kategorischen Imperativ, der da lautet: Äußere dich so, dass du erwarten kannst, dass dein Gegenüber auf jeden Fall diese definierten Bedeutungen aus dem Geäußerten ableiten kann. Selbstdarstellungen, Reden, Broschüren, Verkaufsgespräche und jegliche werbliche Hervorbringung sollen sich an der vorgegebenen Semantik orientieren. Dazu muss der Marken-Owner möglichst viele Äußerungen produzieren, die die gewünschten Bedeutungszuschreibungen immer und immer wieder vornehmen. Er muss gezielt Anlässe schaffen, bei denen auf die von ihm bestimmte Art und Weise über seine Marke gesprochen wird, und versuchen, dabei möglichst viele Menschen zu erreichen. Noch ist dazu das Mittel der Wahl mehrheitlich die Werbung.

# Werbung
# oder:
# Vom Versprechen
# zu Versprechungen

Werbung ist die »Selbstorganisation von Torheit«.

*Niklas Luhmann*[20]

»In vielen Fällen gilt es, mittels kreativer Marketing-
aktivitäten und Kommunikationsmittel einer Marke
einen nicht direkt vorhandenen, imaginären Mehrwert zu verpassen.«

*Uwe Munzinger*[21]

## Werbung nervt!

Die Fluchtbewegung hat schon lange eingesetzt. Die Menschen meiden Werbung, wehren sich gegen sie, ignorieren sie, blockieren sie. Werbung ist Müll. Werbung ist Belästigung. Werbung ist versuchter Diebstahl. Sie stiehlt unsere Zeit, unsere Aufmerksamkeit. Werbung stört. Die Verbraucher werden »auf offener Straße oder daheim auf dem Sofa, beim Zeitunglesen, während einer Unterhaltung, beim Bier oder während sie einen Film ansehen, von wildfremden Leuten angefallen […], die an ihr Geld wollen und überall dazwischenquatschen und die ihnen dafür wahllos Autos, Lebensversicherungen, Schokoriegel, Uhren, Turnschuhe, Shampoos oder Milchprodukte andrehen wollen, zu jeder Tages- und Nachtzeit«.[22] Der Werber Rainer Baginski rechnete vor, dass sich die Zahl der Werbebotschaften vom Jahr 1965 bis zum Jahr 2000, als er dies schrieb, auf 2000 pro Tag erhöht hat – und befürchtet an gleicher Stelle, es könne alles noch viel schlimmer kommen. Und er hat recht behalten: Schon ein Jahr später sprach man von 3000 Werbeimpulsen pro Tag, im Jahr 2013 wurden sie auf 13 000 Werbebotschaften täglich beziffert.

Man braucht nur einmal seinen »Konsumentenrollator« durch einen Supermarkt zu schieben und hat seine Tagesdosis an Botschaften – Verpackungen, Plakate, Videospots sorgen dafür – schon fast erreicht. Nicht nur physisch, beim Wegbringen des Altpapiers oder beim täglichen Ausmisten des E-Mail-Accounts müssen wir Werbung als Müll entsorgen. Unser armes Gehirn ist den ganzen Tag damit beschäftigt, semiotische Äußerungen werblicher Art, die etwas für uns völlig Bedeutungsloses als außerordentlich relevant erscheinen lassen wollen, zu filtern, zu bewerten, zu selegieren. Absurd und völlig paradox ist dabei, dass ausgerechnet Marken uns helfen, in diesem wahrhaften *shit-storm* nicht ganz die Orientierung zu verlieren.

Das ist bereits ein erster Hinweis auf die schizophrenen Tendenzen, die sich mit dem Phänomen Werbung verknüpfen. Wie Umfragen zeigen, glauben viele Menschen einerseits, ohne Werbung könne die Wirtschaft nicht funktionieren, andererseits sind wir alle genervt von Werbung. Wenn Meinungsforscher wissen wollen: »Welche Art von Werbung nervt Sie am meisten?«, dann zeigt bereits die Fragestellung, was die Stunde geschlagen hat. Ganze Häuserzeilen in unseren Städten flehen unübersehbar mit Stickern an den Briefkästen: Lasst uns mit dem Mist in Ruhe. Warum die ganze Diskussion um Adblocker, wenn die Menschen wirklich so werbeaffin wären, wie manche repräsentativen Umfragen uns glauben machen wollen?

Soweit erkennbar gibt es noch keine ernst zu nehmende Metastudie, die die vielen Umfragen zum Thema Werbeakzeptanz genau unter die Lupe genommen hätte. Die Variationsbreite hinsichtlich der Messungen, wie viel Prozent der erwachsenen Bevölkerung Werbung »nervig«, »erträglich« oder gar »angenehm« finden, ist jedenfalls enorm. Ist der Auftraggeber die Werbeindustrie, fallen die Ergebnisse in ihrem Sinne deutlich positiver aus als bei anderen Studien.

Und wenn noch so viele Studien veröffentlicht werden, die die Frohbotschaft verkünden, dass Konsumenten mit Vergnügen Werbung sehen und hören: Jeder Werbeprofi, mit dem man redet, gibt offen zu, dass Werbung nervt und dass kein vernünftiger Mensch Werbung will. Es ist ja gerade die Herausforderung seines Berufs, trotz dieses grundsätzlichen Widerstandes der Konsumenten deren Deckung zu durchdringen und einen möglichst entscheidenden Treffer landen zu können. Werbung ist

Kampfsport. Und es gibt in ihm nur wenige Regeln, die zudem ständig umgangen werden. Alles, was in diesem Kampf als Waffe tauglich erscheint, wird eingesetzt: Über lange Zeit wunderten sich Menschen, warum ihr Fernseher während der Ausstrahlung von Werbespots deutlich lauter zu werden schien, obwohl sie die Fernbedienung nicht angerührt hatten. Die einfache Antwort: Der Ton von Werbevideos wird komprimiert und damit tatsächlich als lauter wahrgenommen. Als man erkennen musste, dass Werbepausen gleich als TV-Pausen für »Sinnvolleres« genutzt wurden, erfand man das Auszählen: Nur noch so viele Sekunden, bis der Film weitergeht, du willst doch wohl nix verpassen! Und der Digitaldruck beschert uns Plakate in Dimensionen, die man nicht mehr ausblenden kann. Das Ideal der Werber wäre wohl, den Verbraucher durch eine Art Ludovico-Technik so wehrlos zu machen wie Alex in *Clockwork Orange*, um ihn dann mit den eigenen Botschaften permanent traktieren zu können. Weil das nicht erlaubt ist, muss Werbung uns umwerben: Sie versucht es mit Witz, mit Humor, mit Storytelling, mit Erotik, mit Sex, mit Glamour, Prominenz, Stars und Sternchen, mit lebenden und historischen Vorbildern – mit allen Mitteln der Kunst, mit Rhetorik und Ästhetik, mit Klassik und mit Moderne. Deshalb nennen sich Werber gerne »Kreative«. Und tatsächlich gibt es kaum Ausdrucksmittel und Uminterpretationen von Geschichten, die Werbern nicht einfielen – nur, um in immer neuen Varianten immer und immer wieder das Gleiche zu kommunizieren.

## Die Grenze: Wo fängt Werbung an?

Produkte und Dienstleistungen müssen auf Märkte, und sie müssen dort wahrgenommen werden können. Marketing ist der Fächer der Möglichkeiten, diese Aufmerksamkeit zu erzeugen. Wenn auf unseren Märkten Marken emergieren, sind wir alle immer daran beteiligt, und das nicht nur als Marktteilnehmer und Konsumenten, sondern auch als Bürger, Kommentatoren, Kommunikatoren. Die Informationen, die der Marken-Owner zu seinen Angeboten in unterschiedlichen Kontexten und Medien hierbei zur Verfügung stellt – sei es über Herkunft und Verarbeitung von Materialien, über die Branche, den Markt, über sich, seine Überzeugungen, seine Geschichte, sein Unternehmen –, sollten als Grundlage der Kommunikation mit den Kunden aus guten Gründen »echt« sein, kurz: Er sollte nicht lügen.

Nicht lügen sollte er nicht lediglich aus ethischen Gesichtspunkten heraus, sondern schlicht im eigenen ökonomischen Interesse. Denn besser denn je sind solche Äußerungen heutzutage zu überprüfen. Bewusst falsche Information zu Angeboten wird unter den heutigen Bedingungen von klassischen, elektronischen und sozialen Medien schnell entlarvt, und noch sehr viel schneller verbreitet sich eine solche Nachricht, ohne dass dazu noch die Massenmedien gebraucht würden. Große Skandale sind in der Regel Skandale um die bewusste und nachprüfbare Täuschung von Verbrauchern auf dieser Ebene der Information. Niemand dagegen muss hierzulande befürchten, dafür verklagt zu werden, dass er in der Werbung das Blaue vom Himmel herunter versprochen und sein Produkt mit Träumen vom guten Leben, von Schönheit, Glück, Jugend, Sicherheit, Liebe und Erfüllung gekoppelt hat.

Unsere Kultur straft Lügen ab – auch im Marketing. Aber offenbar gilt dies nicht für Werbung: Und zwar nicht deshalb, weil man hier ungestraft lügen könnte, sondern weil Werbung als eine Gattung angesehen wird, die offenkundig gar nicht lügen kann, deren Botschaften von vornherein als nicht wörtlich zu nehmende klassifiziert werden. Und so ist die Einhaltung eines Markenversprechens eben in keiner Weise einklagbar. Wer auch immer *BMW* dafür zur Rechenschaft ziehen wollte, dass bei ihm die »Freude am Fahren« ausgeblieben ist, würde sich im besten Fall lächerlich machen. Die Enttäuschung bliebe ganz seine Sache.

Im Paradigma der Kommunikationsmöglichkeiten des Marken-Owners – also im Marketing – existiert eine entscheidende qualitative Grenze. Sie markiert den Übergang zwischen realitätsbezogenen und hinsichtlich ihres Wahrheitsgehaltes intersubjektiv nachprüfbaren Äußerungen und solchen, auf die dies nicht zutrifft. Jenseits dieser Grenze beginnt das weite Reich der Werbung.

## Semiotischer Exkurs: Kommunikation, »Realität« und Werbung

Ein Zeichen, so die Semiotik, steht nie nur für sich und seine Bedeutung allein, es steht in Bezug zu einer Realität in dem Sinne, dass es immer auch auf etwas außerhalb seiner selbst verweist. Diese Bezeichnungsfunktion nennen die Semiotiker »Referenz«, und das, worauf mit dem Zeichen verwiesen wird, ist der »Referent«. So weit, so gut: Immer wenn wir mit Gesten und Worten auf etwas Bestimmtes in unserer Umgebung hinweisen, geht die Sache glatt: »Vorsicht, Auto!« Der Referent scheint dabei jeweils klar: Der *BMW*, der mit 90 Stundenkilometern auf uns zurast, ist im Kontext bekannt, identifizierbar und in der Situation durchaus real. Was aber ist, wenn jemand sagt: »Ich mag keine Autos.« Ist dann die Gesamtmenge aller existierenden Pkws der Referent von Autos? Oder: »Die Werbung hat die Welt nicht besser gemacht.« Geht es dabei um die Gesamtmenge aller Marketingaussagen aller Zeiten? Oder um die Menschen, die diesen Beruf ausüben? Die Branche? Alles zusammen? Und was ist mit der Bezeichnung von Phänomenen, deren Existenz oder Identität zweifelhaft ist: Einhörner, Zauberer, Romanfiguren, Gott? Worauf beziehen sich Wörter wie »Liebe«, »Humor«, »Dummheit«?

Kinder glauben vielleicht eine Weile an die reale Existenz von Einhörnern, später verliert sich dieser Glaube. Was ist dann aber der Referent? Ändert sich die Realität selbst oder lediglich unsere Vorstellung von ihr? Und ein eingefleischter Platoniker oder ein radikaler Konstruktivist wird mit den Referenten ohnehin nichts anfangen können: Alles nur Ideen, wird der eine sagen, alles nur Konstruktionen unseres Gehirns – das Gehirn selbst eingeschlossen –, der andere. Wie dem auch sei: Fest steht, dass wir erst mithilfe von Zeichen und ihrem Gebrauch in die Lage versetzt sind, über Phänomene zu kommunizieren, die denkbar sind, ohne deshalb gleich auch »sein« zu müssen. Die Sprache befreit uns vom Korsett des Ontologischen und führt uns ins unbegrenzte Reich der Optionalität.

Entsprechend haben Semiotiker vorgeschlagen, den Referenten als ein geistiges Ding zu definieren: entweder als die Vorstellung eines Individuums, ein subjektives, geistiges Bild des bezeichneten Phänomens[23] (Charles S. Peirce) oder als kollektive Vorstellung, als die Summe der Merkmale, die eine Kultur dem Phänomen zuschreibt[24] (Michael Titzmann). Damit wäre aber die

Referenz im Grunde identisch mit dem Signifikat – eine Menge von Merkmalen und Propositionen –, das Signifikat mit dem Referenten bloß verdoppelt.

Nun ist es aber in der Kommunikation aus vielen Gründen sehr wichtig, über den ontologischen Status von Phänomenen orientiert zu sein: Es geht immer auch darum, ob das, worüber wir sprechen, wirklich oder fantasiert, möglich oder unmöglich, aktuell wirksam oder (noch) unwirksam ist. Das kann buchstäblich von existenzieller Bedeutung sein. »Red Bull verleiht Flüüügel!« Für jemanden, der auf dem Dach eines Hochhauses steht und sich gerade eine Dose von dem Zeug einverleibt hat, ist es überlebenswichtig, in welchem der drei Kästchen »trifft zu«, »trifft nicht zu«, »weiß nicht« er sein Kreuzchen macht. Zusammen mit meinem Kollegen Michael Müller[25] habe ich daher vorgeschlagen, den Referenten durch das Referenzpostulat zu ersetzen: Die Referenzfunktion ordnet jedem Zeichen oder jeder Äußerung einen der drei Werte »positiv«, »negativ«, »neutral« zu, gibt also an, welchen ontologischen Status eine semiotische Äußerung hat. Das Referenzpostulat kann somit als notwendiger Bestandteil des Signifikats eines Zeichens oder der Bedeutung einer Äußerung angesehen werden.

Ob in einer sozialen Umwelt, in der wir kommunizieren, etwas als real existierend oder als lediglich erdacht gilt oder diesbezüglich Ambivalenz oder Indifferenz herrscht, ist jedenfalls von immenser Bedeutung für die kommunikative Bewältigung des (Zusammen-)Lebens.

Semiotische Kommunikation erlaubt uns, über Dinge zu kommunizieren, die nicht real sind: Ideen, Fantasien, Träumereien, Pläne. Durch die Potenz der Zeichen, uns über Nichtreales verständigen zu können, spannt sich ein unendlicher Raum an Möglichkeiten auf, kulturelle Entwicklung zu ermöglichen und reale Veränderung vorzubereiten. Gedankenspiele, wie es der Schriftsteller Arno Schmidt genannt hat, begleiten uns als Individuen und als Gesellschaft Tag für Tag. Die Mitteilung solcher Gedankenspiele kann dazu führen, dass wir die Realität mit anderen Augen sehen. Optionen aufzuzeigen, Alternativen zu entwickeln, Wünschen und Ängsten Ausdruck zu verleihen ist eine der vornehmsten Aufgaben solcher Kommunikationen. In der Praxis des täglichen Lebens ist es aber auch von fundamentaler Bedeutung, wie wir auf solche Äußerungen reagieren: »Frankreich wird zum islamisch regierten Staat« (Michel Houellebecq: *Unterwerfung*); »Gentechnisch erschaffene Kreaturen mutieren und bedrohen die Menschheit« (Michael Crichton: *Jurassic Park*); »Der Oberarzt heiratet am Ende immer Schwester Erika« (Tausendundein Arztroman im Heftchenformat) – das alles sind Aussagen, die Anlass zum Reflektieren, auch zum (Alb-)Träumen geben, aber nicht unmittelbar dazu, radikale Lebensentscheidungen zu treffen – etwa in Form eines Umzugs nach Frankreich, der Selbsttötung in Panik, einer Namensänderung und Bewerbung als Stationsschwester Erika.

Da es für uns so wichtig ist, zu wissen, ob sich eine Äußerung unmittelbar auf die Wirklichkeit bezieht oder mit der Wirklichkeit spielt – was immer auch heißt, dass sie sich mittelbar sehr wohl damit beschäftigt –, gibt es eine Reihe von Indikatoren, die uns helfen, zu bestimmen, in welchem Modus eine Äußerung steht: Für Nachrichten, Berichte, Zeugenaussagen, Schilderungen haben wir andere Medien und innerhalb dieser Medien andere Rubriken als für erfundene Geschichten und Schilderungen von Fantasiewelten. Sicherheitshalber designieren wir aber Texte zusätzlich noch mit Labeln wie Roman, Spielfilm, Satire, Kolumne,

Nachricht etc. Etwas Ähnliches tun wir ständig in der Alltagskommunikation, wenn wir etwa vorausschicken: »Ich habe die Vermutung, dass …«, »Ich habe geträumt, dass …« Wenn man sich mit einem Freund über eine blutige Szene aus einem Thriller unterhält und ein Dritter setzt sich dazu, wird dieser augenblicklich ins Bild gesetzt: »Wir reden gerade über den neuen Tarantino.«

Die Unterscheidung von mediatem und immediatem Modus führt zu zwei elementaren Klassen von Äußerungen und bildet die Basis zur weiteren Differenzierung von Textgattungen. Künstlerische Äußerungen rezipieren wir immer im mediaten Modus: Hier wird Realität *mittelbar* verhandelt. Und erst diese Mittelbarkeit erlaubt es der Kunst, sich Realitätsbereichen so stark anzunähern, wie es eine *unmittelbare* Thematisierung im Alltag nie könnte. Kunst kreiert Realitäten, in die wir weder eingreifen können noch müssen, weil sie nicht echt sind: Gegenüber den Welten, die Kunst schafft, bleibt uns nur die Beobachterrolle mit der Handlungsmöglichkeit Fühlen und Reflektieren. Aber diese gedanklichen Prozesse führen uns immer an einen Punkt, an dem wir unsere Theorien, Praktiken und Emotionen in unserer wirklichen Welt überprüfen. Äußerungen im mediaten Modus können insofern äußerst folgenreich werden, sie können aber auch völlig folgenlos bleiben. Es passiert nichts, wenn wir nicht auf sie reagieren.

Beschreibungen, Warnungen, Schilderungen, Berichte dagegen, die nicht in künstlerischen Aussagen vorkommen, beziehen wir *unmittelbar* auf die Realität. Und das aus gutem Grund: Wir müssen uns in irgendeiner Form zu ihnen verhalten. Äußerungen im immediaten Modus könnten zumindest potenziell und irgendwann einmal handlungsrelevant und folgenreich werden.

Sie beziehen sich immer auf Sachverhalte, die gemeinschaftlich als real, wirksam und relevant erachtet werden – oder sie enthalten eine Aufforderung dazu, sich über den Realitätsstatus des Redegegenstandes zu verständigen.

Für die Werbung als Äußerungsform ergibt sich daraus: Eine Werbeäußerung, auch wenn sie fantastische Welten präsentiert und fiktive Geschichten erzählt, steht nie vollständig im mediaten Modus. Werbung kann sich künstlerischer Ausdrucksformen und Gattungen bedienen, sie kann aber nicht darauf verzichten, zumindest das Markenzeichen mit ihrer Äußerung zu verknüpfen: sei es als Teil der fiktiven Welt, die sie anbietet, oder als Element des Rahmens, in den mediate Äußerungen eingebettet sind. Immer verweist Werbung an irgendeinem Punkt also unmittelbar auf die Realität der Warenwelt und der Verfügbarkeit des Angebots – und damit auf einen konkreten, fassbaren Teil unserer Alltagswirklichkeit. Als der Fotograf Oliviero Toscani seine provokativen und explizit als künstlerisch deklarierten Fotos als Werbung platzierte, waren das Logo und der Claim der Bekleidungsfirma *Benetton* Bestandteil jedes Bildes. Selbstverständlich ändert dies die Bedeutung der Bilder beträchtlich. Was immer die Aussage des Toscani-Fotos auch ist, sie wird durch das Markenzeichen zur Aussage des Marken-Owners, der sie sich (scheinbar) zu eigen macht. Eine Firma, eine Marke, ein Marken-Owner, der »Kunst« präsentiert – und zwar nicht an Orten der Kunst, sondern an Orten der Reklame –, ist aber offenkundig etwas anderes als ein Künstler, der sein Werk im Kunstmuseum präsentiert. Der immediate Modus schiebt sich bei *Benetton* über den mediaten Modus, die Strategie spielt mit der Verwirrung, die entsteht durch die zwangsläufig sich stellende Frage, was *Benetton* damit sagen will. Eines ist jedenfalls klar: Die Marke greift auf mehreren Ebenen und in beiden Modi das Thema Differenz und Abweichung von der Norm auf und stellt die Rezipienten dabei durchaus vor anspruchsvolle interpretatorische Aufgaben: Sie müssen die bildliche Äußerung – die ja eine künstlerisch-ästhetische Inszenierung ist – interpretieren und sie mittelbar auf Realität beziehen. Dann müssen sie das Markenzeichen und den Status der Äußerung als Werbung decodieren und sich fragen, was diese unmittelbar auf die Realität bezogene werbliche Äußerung mit den konkreten Produktangeboten der Marke zu tun haben soll.

Werbung kann aber auch von vornherein den immediaten Modus als Strategie wählen. Man denke nur an die Werbung mit Testimonials: Kunden äußern sich wie in einer Dokumentation auf der Straße zu einer Marke und ihren Erfahrungen damit. Spätestens am Ende, oft aber auch als Rahmung, kommt dann das Markenzeichen ins Spiel. Die Optikerkette *Fielmann* beispielsweise nutzt diese Werbestrategie seit Jahren erfolgreich.

Hier muss der Rezipient die Unterscheidung zwischen Dokumentation und Inszenierung treffen, also den Authentizitätsgrad der eingebetteten Äußerung einschätzen. Mit auch nur durchschnittlicher Medienkompetenz dürfte es nicht schwerfallen, die Inszeniertheit der Situation festzustellen. Denn immer wenn ein Markenzeichen in Werbeäußerungen auftritt, werden auch die restlichen Äußerungen entsprechend interpretiert.

Im Fall von *Benetton* wird der Kunststatus der Äußerung durch das Markenzeichen infrage gestellt und deutlich, dass sich die Äußerung in dem Sinne unmittelbar auf die Realität bezieht, als sie die Marke bekannt machen und semantisieren soll. Bei *Fielmann* dagegen wird durch das Markenzeichen und den Werbekontext das Dokumentarische der Äußerung zweifelhaft:

Zwar muss man nicht unterstellen, dass die Testimonials die Unwahrheit sagen, aber man wird vermuten, dass hier nur Kunden in Szene gesetzt werden, die sich auch im Sinne des Marken-Owners äußern.

Die Textsorte Werbung fordert uns also auf, scheinbar im immediaten Modus stehende Texte auf den Grad ihrer Fiktionalität hin zu hinterfragen.

Komplizierter wird es bei offensichtlich fiktionalen Texten, die im mediaten Modus stehen. Die in der Reklame präsentierten fiktiven Bilder, Welten und Geschichten zwingt unsere gewohnte Interpretation in einen bestimmten Kontext und zu einer bestimmten Verknüpfung – nämlich der mit der Marke. Egal, welche Haltung, welches Bedürfnis, welche Erkenntnis, welcher Wunsch sich mit dem Dargestellten verbindet: Der vorgegebene Rahmen fordert uns auf, unsere Gedanken dazu auf ein Konsumangebot zu beziehen – ob wir wollen oder nicht.

Deshalb ist Werbung, die durchgehend im immediaten Modus und bei der unmittelbaren Kommunikation ihres Angebots bleibt, im Grunde viel erträglicher als die in mediate, fiktionale, »künstlerische« Äußerungsformen eingebettete. Die eine platzt zwar in unsere Aufmerksamkeit und stört diese für einen Moment, aber sie quatscht nicht unvermittelt in unsere Diskurse über Leben, Miteinander, Arbeit, Differenz, Identität oder gar Glück, Politik, Philosophie hinein – nur um uns am Ende zuzurufen, das sei alles nicht so wichtig und ernst, durch den richtigen Konsum der richtigen Marke bekämen wir alle am Ende das, was wir wünschen.

Werbung nervt, weil sie sich aufdrängt, und das fast immer zu einem unpassenden Moment. Werbung nervt aber noch mehr, wenn sie uns zusätzlich mit Äußerungen kommt, die unsere Dis-

kurse, unser Denken und Fühlen nicht ernst nehmen und ideologisch wirken. Da künstlerische Äußerungen zweckgerichtet an
Konsumangebote gekoppelt werden, ist Werbung immer mit
einem entsprechenden Designator versehen. Zusätze wie »An-
zeige« oder »Werbung« kennzeichnen jegliche Reklamebotschaft,
Plakaten und Displays werden im öffentlichen Raum nur bestimmte Flächen zugewiesen.

Werbung wird genauso akkurat markiert wie Gefahrgut-
transporte. Es soll sichergestellt sein, dass Äußerungen im Modus Werbung klar als solche identifiziert und nicht mit anderen
Äußerungsformen verwechselt werden können.

## Werbung, Wissen, Glauben und Wünschen

Was Werbung verspricht, sollen wir nicht umstandslos glauben,
was Werbung zeigt, sollen wir nicht einfach für bare Münze nehmen. Gleichzeitig aber gilt als ausgemacht, dass Werbung durchaus informiert, im Minimalfall eben über das Vorhandensein
eines konsumierbaren Angebotes. Und wir halten es mehrheitlich
für nötig, auf diese merkwürdige Weise »informiert« zu werden,
weil angeblich nur so unser Wirtschaftssystem funktionsfähig
bleiben könne. Aber wieso eigentlich, so lässt sich fragen, soll uns
Werbung über das Vorhandensein von Angeboten informieren
und diese *gleichzeitig* mit Existenzbehauptungen über deren
Merkmale verknüpfen, deren Wahrheitsgehalt wir mit gutem
Recht anzweifeln? »Marke ist nicht Wissen. Marke ist Glaube«,
so fasst es der Präsident des Markenverbandes, Franz-Peter
Falke.[26] Gleichwohl will Werbung uns im eigenen Interesse »Wissen« vermitteln: Wir sollen eine Marke wahrnehmen und von
ihr wissen. Wir sollen wissen, was es im Zusammenhang mit der

Marke zu kaufen gibt. Und wir sollen lernen – und damit in der Folge wissen –, wofür die Marke »steht« und welche Konnotationen aus Sicht des Marken-Owners mit ihr verbunden sein sollen. All das können und sollen wir wissen, auch wenn wir solchen Merkmalszuschreibungen nicht glauben wollen. Immerhin müssen wir auch ein Wissen von Marken haben, die wir nicht selbst konsumieren, wenn Marken als Medium der sozialen Kommunikation funktionieren sollen. Den sogenannten »kommunikativen Zusatznutzen« von Markenprodukten gibt es nur, wenn viele die semantischen Verknüpfungen mit ihnen – in der Werbung und in den Diskursen – kennen.

Noch einmal: In der Alltagspsychologie halten wir diejenigen, die ernsthaft an die Versprechungen der Werbung glauben, für naiv und leichtgläubig. Ein schönes Beispiel dafür liefert die Berichterstattung über eine Klage gegen *Red Bull* in den USA. Dort hatten erst ein Konsument und in der Folge eine ganze Gruppe Klage wegen irreführender Werbung gegen den Brausehersteller eingereicht. Die Klage wurde angenommen (!) und schließlich dadurch beigelegt, dass *Red Bull* zu einer Entschädigungszahlung von 13 000 000 Dollar bereit war. »Die von der New Yorker Anwaltskanzlei Morelli Alters Ratner verfasste Zivilklage warf *Red Bull* vor, mit seiner Werbung außerordentliche Leistungssteigerungen durch den Genuss des Energydrinks zu suggerieren. Dabei verleihe das Getränk Konsumenten nicht mehr Energie als ›eine Tasse Kaffee‹.«[27] Das Unternehmen wies die Vorwürfe zurück und betonte, dass seine Werbung immer die Tatsachen widergespiegelt habe. Der Vergleich muss noch von dem Gericht bestätigt werden.

Bemerkenswert ist die Überschrift, unter der *FAZ online* dies berichtete: »Humorlose Kläger in Amerika: Red Bull verleiht gar keine Flügel«. Ein Titel, mit dem indirekt auf eine kulturelle Differenz zwischen Amerika und Mitteleuropa abgehoben wurde: Hierzulande, so die Implikation, weiß man, dass eine solche Werbung nicht ernst gemeint ist und auch nicht ernst zu nehmen ist. Das kann man wissen und muss entsprechend auch die hyperbolischen, metaphorischen Werbeäußerungen von *Red Bull* richtig lesen.

Wir können also von einem weitreichenden kulturellen Konsens hierzulande ausgehen, demzufolge Werbung erst interpretiert und »übersetzt« werden muss, bevor man ihre eingebetteten Geschichten und Darstellungen auf die Realität bezieht. Zum Markenwissen gehört damit auch Wissen über die jeweiligen rhetorischen Strategien einer Marke.

Nun wussten die amerikanischen Kläger dies offenbar auch: Die Klage bezog sich ja nicht darauf, dass den Konsumenten keine Flügel gewachsen waren, sondern darauf, dass eine spürbar »beflügelnde«, deutlich leistungssteigernde Wirkung, wie sie die Metapher von den Flügeln durchaus nahelegt, nachweisbar nicht eingetreten sei. Sowohl die Zeichentrickgeschichten als auch der Slogan wurden also von den Klägern angemessen interpretiert: Ihre Enttäuschung bezog sich auf das Ausbleiben der behaupteten Effekte, sie hatten die Äußerungen im immediaten Modus eben genau nicht für wahr gehalten. So blöd sind sie also gar nicht, »die Amerikaner«. Dass es hierzulande nicht zu ähnlichen Fällen kommt, liegt also nicht so sehr an der unterschiedlichen Interpretationsfähigkeit der Verbraucher, sondern eher an den unterschiedlichen Rechtsauffassungen und Rechtsprechungen.

Werbeversprechungen sind insofern kein kultureller Gegenstand des Glaubens, sondern eher ein Gegenstand der Skepsis.

Nicht einmal der Werbeprofi erwartet ernsthaft, dass irgendjemand den Versprechungen der Werbespots glaubt, selbst von Hormonwellen getriebenen jungen Männern wird ein solches Ausmaß an Naivität nicht unterstellt. So lobt Markenexperte Uwe Munzinger wiederholt die Kommunikation von *AXE* und den dort konstruierten »*AXE*-Effekt« als Beispiel für gelungenen Markenaufbau und die entsprechende Werbung: »Die von Kritikern als sexistisch und frauenfeindlich bezeichnete Kommunikation der Marke AXE ist bei ihrer Zielgruppe ein großer Erfolg. Die AXE-Kampagnen zielen auf den Erfolg bei Frauen durch die Produktverwendung ab. Dieser Erfolg bei Frauen – weithin als AXE-Effekt bekannt – wird durch lustige und unterhaltsame Geschichten erzählt. [...] Dass AXE diesen Effekt auf Frauen nicht wirklich hat, muss hier nicht erwähnt werden.«[28]

Der *AXE*-Effekt ist ein Paradebeispiel für das, was Munzinger den »imaginären Mehrwert« nennt: Einen Wert, der objektiv nicht existiert, sondern nur vorgestellt ist, und von dem der Konsument obendrein auch noch weiß, dass er ihn sich nur einbildet. Dass es den Effekt von *AXE* nicht wirklich gibt, verstehen sogar die Teenager, die ihr Taschengeld in das Illusionsprodukt investieren. Und die sich in (im Wortsinne) atemberaubende *AXE*-Wolken hüllenden Knaben befinden sich damit in Gesellschaft so mancher Männer, die sich mit ihrem Auto einen »Vorsprung« erwerben, von dem sie wissen, dass er noch vor der Autobahnauffahrt dahin ist und außerdem mittlerweile in jedem Kleinwagen steckt, oder all der Frauen, die wissen, dass die gefakte *Louis-Vuitton*-Tasche sie ebenso wenig wie die echte in eine höhere gesellschaftliche Schicht versetzen wird.

Welches merkwürdige stille Agreement steckt hinter einer Kommunikation, die gar nicht erst als glaubwürdig erachtet werden will und mit Versprechungen operiert, von deren Nichtrealisierbarkeit alle Beteiligten – Sender und Empfänger, Marken-Owner und Käufer sowie deren Beobachter – von vornherein Kenntnis haben? Worüber wird hier kommuniziert, wenn im Kern klar ist, dass über imaginäre Werte gesprochen wird? Wenn stimmt, was hier beschrieben wird, dann geht es der Werbung weder in erster Linie um die Kommunikation von Wissen, schon gar nicht um Glauben, sondern es geht um unsere Wünsche. Mit Werbeversprechungen aufgeladene Marken erlauben es uns, uns selbst und anderen gegenüber auszudrücken, was wir uns wünschen. Aber da alle wissen, dass die Wunscherfüllung, sobald es sich um die Konstruktion imaginärer Werte handelt, notwendig ausbleiben muss, geht es nicht einmal mehr um unsere Wünsche, sondern um etwas so Paradoxes wie bewusst herbeigeführte und im wahrsten Sinne in *Kauf* genommene Selbsttäuschung.

Mithilfe der Werbung verständigt sich eine Kultur also über ihre Illusionen. Genau in diesem Sinne interpretiere ich das Luhmann'sche Bonmot, Werbung sei »die Selbstorganisation der Torheit«.[29]

## Markenversprechen versus Werbeversprechungen

Mir ist in diesem Zusammenhang wichtig, die stillschweigend eingeführte Unterscheidung zwischen Markenversprechen und Werbeversprechungen zu thematisieren. Marken können ohne Werbung entstehen und sich am Markt behaupten. Ihr Versprechen ergibt sich aus der wiederkehrenden, verlässlichen Leistung des Produktes, den dazugehörigen Erlebnissen von Konsumenten und ihrer diskursiven Verarbeitung. Das Markenzeichen wird dabei, wie oben dargestellt, semantisch aufgeladen. Dabei kann die Marke auch fest mit bestimmten emotionalen Qualitäten verknüpft werden oder zeichenhaft auf bestimmte Haltungen, Werte, Zugehörigkeiten verweisen. Überprüfbare Zusatzinformationen des Marken-Owners und Geschichten über ihn, das Unternehmen etc. können zu diesem Prozess beitragen. Identitätsmarken sind ein Beispiel dafür, dass Verknüpfungen, die nicht unmittelbar mit dem Produkt, sondern eher mit dem Marken-Owner zu tun haben, zu solch einer Aufladung der Marke beitragen können – mit oder ohne dahin gehende spezifische Marketinganstrengungen.

Ein derartiges Markenversprechen hat nichts mit Illusion zu tun. Im Diskurs wird immer neu verhandelt, ob die für die Marke entscheidenden Merkmale als wahr oder falsch klassifiziert werden können oder – semiotisch gesprochen – ob ihr Referenzpostulat jeweils positiv, negativ oder neutral ist. Das Versprechen einer solchen Marke ist ernst zu nehmen, weil es faktisch gebrochen werden kann: Fehlt auf einmal ein wichtiges Leistungsmerkmal oder gar mehrere und wird das vom Marken-Owner nicht umgehend in Ordnung gebracht, ist schnell Schluss mit der Marke. Gleiches gilt für Informationen über den Marken-Owner: Stellt sich heraus, dass er mit seinen Werten und Traditionen bricht, oder schlimmer noch, dass seine Selbstaussagen gelogen waren, ist die Marke schwerstgeschädigt.

Speist sich das Markenversprechen aus überprüfbaren Eigenschaften von Leistung und Marken-Owner, lässt es sich also falsifizieren. Das gilt auch für beworbene Marken, die sich auf solche Merkmale beziehen: Werbung, die sich unmittelbar auf Angebot und Leistung bezieht und weitgehend auf Rhetorik verzichtet, erzeugt auch ein falsifizierbares Markenversprechen. Im

## Die Relation zwischen Markenversprechen und Werbeversprechung

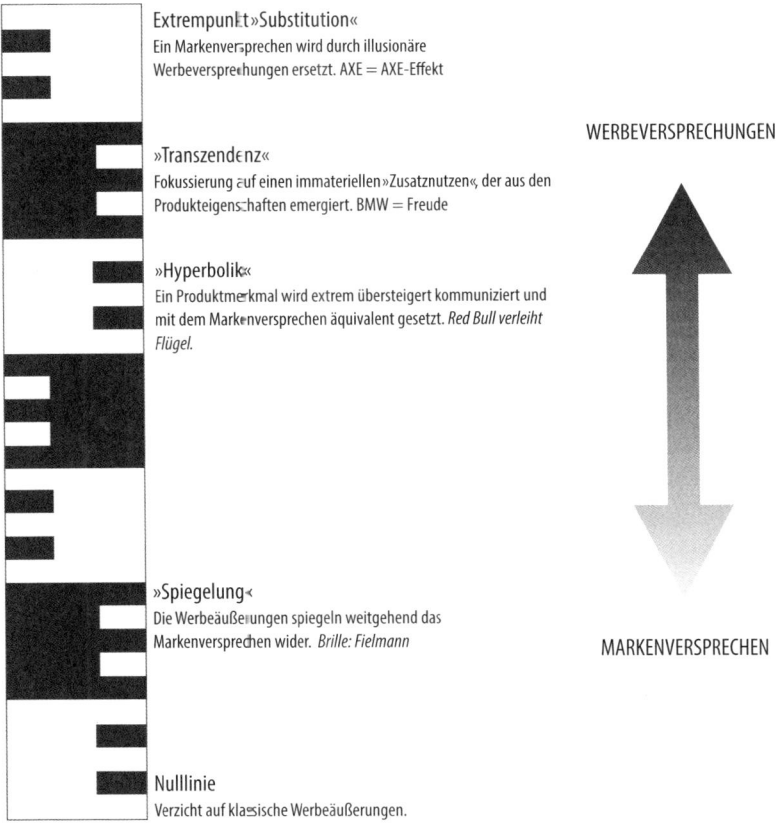

**Extrempunkt »Substitution«**
Ein Markenversprechen wird durch illusionäre
Werbeversprechungen ersetzt. AXE = AXE-Effekt

**»Transzendenz«**
Fokussierung auf einen immateriellen »Zusatznutzen«, der aus den
Produkteigenschaften emergiert. BMW = Freude

**»Hyperbolik«**
Ein Produktmerkmal wird extrem übersteigert kommuniziert und
mit dem Markenversprechen äquivalent gesetzt. *Red Bull verleiht Flügel.*

**»Spiegelung«**
Die Werbeäußerungen spiegeln weitgehend das
Markenversprechen wider. *Brille: Fielmann*

**Nulllinie**
Verzicht auf klassische Werbeäußerungen.

WERBEVERSPRECHUNGEN

MARKENVERSPRECHEN

Diskurs können Konsumenten darüber verhandeln, ob und inwieweit dieses Versprechen zutrifft.

Werbeversprechungen vom Typus *AXE, Red Bull* oder früher
*Benetton* dagegen fokussieren von vornherein auf einen nicht
überprüfbaren und damit auch nicht falsifizierbaren Marken-

151

kern. Die Kommunikation einer illusionistischen Behauptung, von der beide Seiten wissen, dass es eine ist, könnte höchstens dadurch widerlegt werden, dass plötzlich die als unmöglich geltende Behauptung von der Wirklichkeit eingelöst würde. Sollte eine solche Marke, nachdem ihr Illusionsangebot einmal erfolgreich angenommen wurde, enttäuschen, dann nur in dem Fall, dass sich ein anderes Illusionsangebot, eine andere Inszenierung von Fantasien als attraktiver erweist – oder auch dadurch, dass sich die Gesellschaft insgesamt weiterentwickelt und andere Formen für die Bewältigung des Wunsch-Wirklichkeits-Dilemmas gefunden hat. Einiges deutet darauf hin, dass wir momentan am Anfang einer solchen Entwicklung stehen. Und es dürfte auch kein Zufall sein, dass die extremen Beispiele, die Marken wie *AXE* in diesem Zusammenhang darstellen, sich mit aller Wucht auf sehr junge Zielgruppen stürzen.

Jedenfalls ist deutlich, dass es für Marketing und Verbraucher nützlich sein kann, zwischen Markenversprechen und Werbeversprechungen zu unterscheiden. Markenversprechen können wie gesagt gebrochen werden, was heißt, dass Markenversprechen auf bestimmte Art »geerdet« sind: Sie beziehen sich immer auch auf nachprüfbare Leistungsmerkmale und erlebbare Qualitäten, die diskursiv entsprechend anerkannt werden müssen. Mit dieser Tatsache kann Werbung nun auf ganz unterschiedliche Weise umgehen: Sie kann sie mehr oder weniger ernst nehmen, sie kann sie aber auch ganz und gar ignorieren.

An dem einen Extrempunkt kann das Markenversprechen ganz ohne Werbung auskommen oder mit dem Werbeversprechen weitgehend äquivalent sein. Am anderen äußeren Ende der Skala kann das Markenversprechen ganz in illusionistischen Werbeversprechungen aufgehen. Im Mittelfeld bewegen sich

Marken, die bestimmte Merkmale des Angebotes in den Fokus nehmen und sie mit rhetorischen Mitteln gezielt aufladen: Eine zentrale Produkteigenschaft erscheint dann als außergewöhnlich gesteigert und das Angebot wird dadurch als einmalig oder allen Konkurrenten deutlich überlegen dargestellt. Aus einem handelsüblichen Spülmittel wird dann eben mal *Fairy*, »das kleine Wunder gegen Fett«. *Red Bulls* Flügelverleihung gehört eigentlich auch in diese Kategorie: Ein Quantum Koffein soll dem Konsumenten das Gefühl vermitteln, übernatürliche Eigenschaften zu besitzen. Eine andere Strategie besteht darin, Markenprodukten neben ihren im gewachsenen Markenversprechen und seiner Kernwerten vorhandenen Eigenschaften noch ein zusätzliches Merkmal hinzuzufügen, das nur durch Kommunikation im Modus Werbung konstruiert werden kann: Ein solches, nur semiotisch und durch werbliche Kommunikation vermitteltes Merkmal wird in der Werbesprache, die ja offenkundig zum Euphemismus neigt, auch Zusatznutzen genannt. Solche Markenwerbung fokussiert in der Regel deutlich auf dieses Zusatzmerkmal und macht es zum zentralen Merkmal der Marke.

Markenversprechen und Werbeversprechungen können also in unterschiedlicher Weise miteinander kombiniert werden und es ergibt sich daraus ein gleitendes Spektrum verschiedener Markentypen. Je weiter sich beide Versprechen voneinander entfernen, desto illusionistischer agiert die Marke.

## Werbung und Wachstum

Sind Marktwirtschaft und Werbung nicht von Beginn an ein unzertrennliches Paar? In der Anfangsphase der Bundesrepublik Deutschland wurde über diese Frage heftig diskutiert. Noch in den 1950er-Jahren wollte das Bundesfinanzministerium unter dem CSU-Minister Fritz Schäffer eine Reklamesteuer von 20 Prozent erheben. Mit anderen Worten: Im konservativen Kabinett Konrad Adenauers gab es Kräfte, die Werbung eindeutig behindern und mitnichten fördern wollten. Reklame sei im Grunde der Marktwirtschaft nicht adäquat und in ihr eigentlich entbehrlich, interpretierte die liberale *Zeit* damals die Auffassung dieses politischen Flügels der Konservativen.

In der Tat wäre der Markt selbst das beste Instrument, um herauszufinden, was Kunden brauchen und wollen. Unternehmen, die etwas davon verstehen, ganz bestimmte Leistungen zu erbringen und Produkte herzustellen, tun das und bringen ihre Angebote auf den Markt. Dort findet die Kommunikation statt, die sich nach Niklas Luhmann auf die für den Markt fundamentale Unterscheidung Zahlung/Nichtzahlung reduzieren lässt: Die Kunden kaufen, oder eben auch nicht. Das, was gekauft wird und in den jeweils angemessenen Abständen immer wieder gekauft wird, erweist sich als marktfähig – und wie gesehen auch als markenfähig. Und es ist offenkundig das, was die Konsumenten wollen. Werbung – nicht Marketing – wird in diesem Zusammenhang nicht notwendig gebraucht.

Solche Überlegungen lagen wohl auch dem Verständnis von Marktwirtschaft zugrunde, das manche Konservative in der Nachkriegszeit hatten. Als Vertreter von Ludwig Erhards Wirtschaftsministerium vertrat Alfred Müller-Armack – immerhin eine Galionsfigur der Theorie der sozialen Marktwirtschaft – jedoch eine entschieden gegenteilige Ansicht. 1953 beruhigte er in einer Rede vor dem Zentralverband der deutschen Werbewirtschaft die anwesenden Werber: Zu einer Reklamesteuer werde es nicht kommen. Im Gegenteil werde man die Interessen der Werbewirtschaft fördern. Damals lag der durchschnittliche Anteil des verfügbaren Einkommens der Deutschen für freien Konsum noch bei fünf Prozent. Um diesen bescheidenen Kuchen mussten sich all diejenigen streiten, die den Bürgern Autos und Parfums, Waschmaschinen und Schokolade, Mode und Zigaretten verkaufen wollten. Unter diesen Umständen, so mutmaßte das Wirtschaftsministerium, werde es nicht genügend Wachstum geben. Die Notwendigkeit für schnelles Wachstum wiederum wurde damit begründet, dass nur dadurch Aufrüstung und Flüchtlingsintegration finanziert werden könnten. Die Erfolgsformel hierfür fand Müller-Armack in der Kombination von »Kredit und Werbung«! Der Konsum sollte durch Werbung angeregt und durch »Bevorschussung« ermöglicht werden. Große und expansive Märkte könnten nur durch Werbung geschaffen werden.

Was dann geschah, hat sich in der Selbsterzählung der Bundesrepublik unter dem Begriff »Wirtschaftswunder« eingeprägt. Am Beginn dieses »Wunders« stand die bewusste Koppelung von Werbung und Verschuldung zur Herstellung expansiven Wirtschaftswachstums. Der Einstieg in das, was der Soziologe Gerhard Schulze so treffend »Steigerungsspiel« genannt hat, datiert aus jener Phase.[30]

Mittlerweile durchzieht das Denken im Modus der Steigerungslogik unsere gesamte Kultur. Die politisch-strategische Entscheidung, Werbung bewusst zu fördern, war ein wichtiger Faktor am Beginn dieser Entwicklung. Wesentliches Instrument dieser Förderung war die Ermunterung der Bürger, Konsumschulden zu machen, und das Erleichtern dieser Verschuldung. Ganz nebenbei ergab sich daraus auch noch ein Instrument zur Steigerung der Leistungsbereitschaft.

Bemerkenswert an der Strategie ist die erst auf den zweiten Blick aufscheinende Tatsache, dass Werbung die entsprechenden Effekte nach damaliger Auffassung auch tatsächlich bereitstellen kann. Ohne die Überzeugung, dass Werbung wirkt, wäre die Konstruktion sinnlos gewesen.

Die Strategie »Werbung und Kredit« bestand darin, einen Zustand herbeizuführen, in dem die Konsumenten mehr wollen können, ohne dabei unmittelbar frustriert zu werden. Die Rolle, ein Mehr-Wollen zu erzeugen, fiel dabei der Werbung zu. Die Aufgabe, die Frustrationserfahrung zu vermeiden, die ein Wollen ohne Können erzeugt, dem Kredit. Werbung, so scheint es, war geeignet, den Menschen klarzumachen, was man sich alles wünschen konnte. Und um das Wünschen ins Wollen transformieren zu können, wurde die Option des Kredits geschaffen. Tatsächlich wurden unter historisch-ökonomischen Sonderbedingungen, die sich nur noch einmal im Nachwende-Goldrausch einstellten, kurzzeitig traumhafte Wachstumsraten erzielt. Diese Grunderfahrung brachte viele Bürger dazu, ein solch exponentielles Wachstum für normal und selbstverständlich zu halten – inklusive der Annahme, dass Marktwirtschaft eben genau in der Kombinatorik von Werbung, Kredit und Wachstum bestehe.

## Wünschen und Wollen

Wünschen und Wollen unterscheiden sich in einigen wesentlichen Punkten: Das Wünschen ist von seiner Tendenz her eher seinsorientiert. Seine Inhalte sind kernprägnant, aber randunscharf: Menschen wünschen sich ein gutes Leben, eine erfüllende Beziehung, eine glückliche Familie, Anerkennung, Erfolg, Sicherheit. Der Zeithorizont für solche Wünsche ist weit. Sollte der Wunsch in Erfüllung gehen, wird die Erfüllung keine Sache des Augenblicks sein, sondern sich über einen Strom von Episoden erstrecken. Bis es so weit ist, wird einige Zeit vergehen, und es ist ein langer Weg zurückzulegen, bis man wird sagen können: Ja, das war das, was ich mir gewünscht hatte. Lange Wege und große Zeiträume bergen immer Risiken und Unsicherheiten. Es gibt so viel Unvorhergesehenes, das einem auf dieser Reise begegnen könnte. Damit hängt der Eindruck zusammen, dass die Erfüllung von Wünschen nicht allein von einem selber abhängt. Man hat es nicht vollständig in der eigenen Hand, dass Wünsche auch in Erfüllung gehen, es gehört immer eine gute Portion Glück oder ein gnädiges Schicksal dazu, wenn aus Wünschen Wirklichkeit werden soll. Wünsche sind zudem äußerst komplex: Es fällt nicht leicht, alle konkreten Umstände und Ressourcen zu beschreiben, die vorhanden sein müssen, damit am Ende »alles passt«. Der Berliner Musiker Peter Fox landete mit »Haus am See« einen Hit, der die Struktur von Wünschen wunderbar veranschaulicht: Wünsche müssen dekonstruiert werden, in eine Menge ganz konkreter Features aufgelöst werden, die jeweils für das Wollen verfügbar sein müssen.

## Haus am See

*[...]*
*Doch die Welt vor mir ist für mich gemacht!*
*Ich weiß, sie wartet und ich hol sie ab!*
*Ich hab den Tag auf meiner Seite, ich hab Rückenwind!*
*Ein Frauenchor am Straßenrand, der für mich singt!*
*Ich lehne mich zurück und guck ins tiefe Blau*
*schließ die Augen und lauf einfach geradeaus.*
*Und am Ende der Straße steht ein Haus am See.*
*Orangenbaumblätter liegen auf dem Weg.*
*Ich hab 20 Kinder, meine Frau ist schön.*
*Alle komm'n vorbei, ich brauch nie rauszugehen.*
*Ich suche neues Land mit unbekannten Straßen*
*[...]*
*Ich grabe Schätze aus im Schnee und Sand*
*Und Frauen rauben mir jeden Verstand!*
*Doch irgendwann werd ich vom Glück verfolgt*
*Und komm zurück mit beiden Taschen voll Gold.*
*Ich lad die alten Vögel und Verwandten ein.*
*Und alle fang'n vor Freude an zu wein'n.*
*Wir grillen, die Mamas kochen und wir saufen Schnaps.*
*Und feiern eine Woche jede Nacht.*
*Und der Mond scheint hell auf mein Haus am See.*
*Orangenbaumblätter liegen [...]*
*Hier bin ich gebor'n, hier werd ich begraben.*
*Hab taube Ohr'n, 'nen weißen Bart und sitz im Garten.*
*Meine 100 Enkel spielen Cricket auf'm Rasen.*
*Wenn ich so daran denke, kann ich's eigentlich kaum erwarten.*

Das Wollen dagegen bezieht sich auf konkrete Angebote, Objekte und randscharf definierte Ziele. Insofern ist das Wollen am Haben orientiert und im Gegensatz zum vielgestaltigen unscharfen Wünschen binär: Haben oder Nichthaben. Damit geht ein ganz anderer Zeithorizont einher: Was man wollen kann, muss verfügbar sein, und ist es verfügbar, dann kann man es auch sofort wollen, und wenn man es sofort wollen kann, dann kann man es auch zeitnah haben. Deshalb ist das Wollen deutlich anfälliger für Frustration als das Wünschen: Wer sich ein glückliches Familienleben wünscht, wird nicht gleich aggressiv-gefrustet alles hinwerfen, wenn Partner oder Kinder mal einen schlechten Tag haben. Wer aber schon einmal erlebt hat, wie Kunden in einem Elektronikmarkt ausrasten können, weil das beworbene Sonderangebot nicht mehr auf Lager ist, versteht sofort, was ich mit dem Frustrationspotenzial meine, das dem Wollen innewohnt. Die Komplexität und der gewisse Amorphismus der Wünsche erlauben es, sie zu gestalten. Wünsche kann man permanent transformieren, anpassen. Wünsche fordern uns heraus, sie zu reflektieren, zu transformieren, und das erfordert Kreativität und Fantasie. Sie sind nicht einfach nur Ausdruck unseres Selbst, sondern auch Mittel der Selbstwerdung. Das Wollen ist dagegen unmittelbarer und arbeitet mit festen Vorgaben. Was wir wollen, liegt außerhalb von uns: Wollen hat mit Objekten und Sachen zu tun, Wünschen mit inneren Vorstellungen.

Wollen und Wünschen sind dabei mit unterschiedlichen Formen des Könnens gekoppelt: Die Bewältigung des Wollens erfordert andere Fähigkeiten als der Umgang mit unseren Wünschen. Wie und in welcher Form unsere Wünsche Gestalt annehmen und wie wir diese Gestalt immer wieder neu und anders formen, hängt davon ab, inwieweit das Subjekt seine emotionale und seine erkenntnisbezogene Intelligenz, seine Kreativität, Fantasie, sein Gespür für Schönheit ausbilden konnte. Je mehr mögliche Lebensmodelle, Haltungen, Lösungswege wir reflektieren und nachempfinden können, desto eher kann es uns gelingen, unser Leben und unser Wünschen auf eine Weise miteinander zu verknüpfen, die der Empfindung subjektiven Glücks auch dann nicht im Wege steht, wenn äußere Bedingungen dagegenzusprechen scheinen. Die Gestaltung unserer Wünsche liegt zwar in unseren Händen, aber weil die Wunscherfüllung nicht vollständig von uns abhängt, ist das Wünschen davon entlastet, »funktionieren« zu müssen, was ihm zusätzliche Freiheitsgrade verleiht.

Anders ist es mit dem Wollen: Fernöstliche Philosophien zielen auf die Auflösung des Wollens hin. Taoismus oder Buddhismus sehen in der Befreiung vom Wollen den Weg zu Gelingen und Zufriedenheit. Und dieser Weg besteht im Erlangen der Erkenntnis, dass die Gegenstände des Wollens in Wahrheit nicht existieren, sondern lediglich Produkte der Illusion sind.

In unserer Kultur dagegen ist das Nichtwollen nicht mehr vorgesehen. Es wird uns von Generation zu Generation immer intensiver beigebracht, dass das Wollen unendlich steigerbar ist und nach oben keine Grenze kennt. Eine stellenweise Befreiung vom Wollen ist nur als Verzicht denkbar – und bestätigt damit implizit die universelle Kraft des Wollens. Punktueller Verzicht oder gar Askese sind nichts anderes als der Sieg des Willens über das Wollen, ein »Nichtwollen-Wollen« im Angesicht permanenten Wollens. Dabei geht es um eine geradezu übermenschliche Kraftanstrengung. Wer Nichtwollen will, muss Leistung erbringen. Wer sich dem Wollen ergibt und bekommen möchte, was er will, muss aber ebenso Leistung erbringen. So oder so ist das

Wollen bei uns immer mit Arbeit verbunden. Wer will, der kann auch! Da das, was wir wollen sollen, Objektcharakter hat und als vorgeformtes Angebot da ist, liegt es an uns, das zu erhalten, was wir wollen. Während es nie vollständig in unserer Hand liegt, das zu erlangen, was wir uns wünschen, liegt es nur an uns selbst, das zu bekommen, was wir wollen: Wir müssen nur hart genug dafür arbeiten. Jedenfalls liegt die Verantwortung dafür, ob man hat, was man will, bei uns ganz und gar beim Einzelnen. Je mehr Neues, Besseres, »Geileres« dabei angeboten wird, das man wollen soll, desto größer wird potenziell auch der Druck, es sich zu erarbeiten. Da aber der Zeithorizont des Wollens so kurz ist, würde das Problem entstehen, dass wir erst einmal verzichten *und* arbeiten müssten, um zu bekommen, was wir wollen. Unter dieser Doppelbelastung könnte das Wollen kollabieren. Wir könnten feststellen, dass uns der Preis zu hoch ist. Wir könnten die erzwungene Wartezeit nutzen, uns mit unseren Wünschen zu befassen und über Alternativen nachzudenken. Das Risiko, festzustellen, dass wir das, was wir wollen, nicht wirklich brauchen und auch nicht zu diesem Preis wollen, würde rasant ansteigen. Angesichts dieses Risikos ist die Kombination »Werbung und Kredit« so schlagend: Die »Bevorschussung« des Konsums erlaubt die Umkehrung der Reihenfolge von Leistung und Belohnung. Habenwollen und Haben werden mit großer Wucht zeitlich so miteinander verbunden, dass sie quasi in eins fallen: »Du willst es. Du kriegst es«, lautet der Slogan des Telekomanbieters *congstar* und bringt damit das Prinzip auf den Punkt. Es ist, als wären wir alle im Märchen gelandet, wo die ausgesprochene Zauberformel schon genügt, dass sich das Tischlein mit allem deckt, was wir gerade begehren.

Unsere Ökonomie arbeitet permanent an der Ausweitung und Verfeinerung des Tischlein-deck-dich-Prinzips: Autohersteller gründeten ihre eigenen Banken, um Kreditfinanzierung und Autoverkauf aus einer Hand anbieten zu können, ebenso wie Handelsketten. Supermärkte, Kaufhäuser, Einkaufspassagen und Shopping-Malls konnten die Zeitspanne tilgen, die vorher nötig war, den Raum zwischen unterschiedlichen Anbietern zu überwinden. Lieferschnelligkeit ist heute alles. Zwischen Wahrnehmung des Angebots, Wollensimpuls und Erhalt der Ware soll möglichst wenig Zeit vergehen. Mit dem Internet konnte die Geschwindigkeit noch mal deutlich gesteigert werden, und Online-Shopping brachte die Lieferlogistik ordentlich in Zugzwang. Wenn Firmen wie *Amazon* jetzt den Einsatz von Drohnen planen, ist dies nicht nur ein Angriff auf die Logistikbranche, sondern eben auch ein weiterer Schritt zur Komprimierung der Wollen-Haben-Dyade.

Die Atemlosigkeit, die hier erzeugt wird, hält nicht nur unsere Paketausfahrer auf Trab, sie hält eine ganz Kultur gefangen. Die Unmittelbarkeit, mit der das Wollen ins Haben überführt werden kann, schafft immer mehr Platz für neues Wollen. Die Konzentration auf das Gewollte als Ziel, mit allen Aspekten der Vorfreude und des Abwägens, den Möglichkeiten der Revision entfällt. Gleichzeitig türmen sich mit jeder Lieferung des Gewollten unrealisierte Optionen auf: Wer sofort bekommt, was er will, hat wieder Zeit, wahrzunehmen, was er noch nicht hat. In der verbleibenden Zeit muss aber die vorgeschossene Belohnung auch abgearbeitet werden. Die eingesparte Zeit muss in die Tilgung des Vorschusses reinvestiert werden. Was dabei immer knapper wird, ist die Zeit für eine Neuorganisation des eigenen Wünschens, die womöglich auch einen Ausweg aus der Spirale aufzeigen könnte. Für eine solche Reinterpretation, das Finden kreativer Ideen und selbstreflexiver Neuausrichtung brauchen wir Muße und die Gelegenheit zum Nichtstun. Nur dann kann unser Gehirn auf Autopilot umschalten und das *Default Mode Network* aktivieren, das uns für solche Fantasien und längeren Gedankenspiele zur Verfügung steht, wie der Neurobiologe Andrew Smart dargelegt hat.[31] Stress, Multitasking und dauerndes Dazwischenquatschen, das ja auch die Lieblingsdisziplin der Werbung ist, versperren uns zunehmend den Zugang zu dieser Ressource.

Es ist die Werbung selbst, die versucht, diese Lücke zu schließen und uns ein Angebot für die Konstruktionen unseres Wünschens zu machen. Sie entlastet uns von der Aufgabe, unsere Wünsche zu reflektieren und zu organisieren.

Die Werbeberaterin und Motivforscherin Helene Karmasin hat das, was Werbung uns dabei zur Verfügung stellt, – übrigens durchaus affirmativ – »Konzeptionen des Wünschenswerten« genannt.[32] So gesehen leistet Werbung einen wichtigen Beitrag zum Paradigma der Bequemlichkeiten, die unsere zeitgenössische Ökonomie feilbietet: Mutter Werbung kaut uns unsere Wünsche vor und füttert uns systematisch mit dem süßen Brei dessen, was wir wünschen sollen.

Auf der Skala der Werbeversprechungen habe ich gezeigt, dass am unteren Level Werbung existiert, die im Grunde nichts anderes tut, als das Markenversprechen zu popularisieren. Dieser Typ von Werbung macht uns in erster Linie mit etwas bekannt, das wir wollen können. Die Äquivalenz zum Markenversprechen liegt in der weitgehenden Überprüfbarkeit dieses Angebotes: Deshalb setzt sich ein solches Werbeversprechen auch dem Risiko der Falsifizierbarkeit aus – es kann gebrochen werden.

Jenseits davon aber beginnt ein anderes Spiel: Die hyperbolische Steigerung von Produktmerkmalen, das Konstruieren imaginärer Nutzen und das Konzipieren von »Wünschenswertem« sind Strategien, die auf das Wollen *und* das Wünschen abzielen und auf die ein oder andere Weise versuchen, Wünschen in Wollen zu übersetzen.

Diese Klasse von Werbeäußerungen begnügt sich nicht mehr damit, ein überprüfbares Markenversprechen zu kommunizieren, sondern sie fügt dem ursprünglichen Markenversprechen Versprechungen hinzu, die illusionistisch sind – und dies in stillschweigendem oder auch augenzwinkerndem Einverständnis mit uns, den Rezipienten. Diese »Illusionsübereinkunft« wird vielfältig abgesichert: Werbung wird als Werbung designiert. Der Einsatz von Rhetorik, von fiktiven Storys, von fantastischen Welten, die Zitation von Kunst und ihren ästhetischen Mitteln, Dramatisierung – all das dient nicht nur semantischen Zwecken und der Bedeutungsaufladung der Werbebotschaft, sondern auch dem Signalisieren des Illusionistischen. Niemand soll sagen können, er sei belogen und betrogen worden, wo doch alle sehen können: Das ist alles nur Theater. Dennoch werden auf diesem Theater unleugbar Versprechungen gemacht: Versprechungen von einem besseren Leben in intakten Umwelten, von Ekstase oder Harmonie, von ewiger Jugend und unverbrüchlicher Geborgenheit, von steigerbarer Perfektion (überall eine Absurdität, außer in der Werbung), von der Lösbarkeit aller erdenklichen Probleme.

Es ist klar, dass es hier nicht um einzelne Werbespots geht, sondern um Strategien und Semantiken, die Werbung als Textgattung auszeichnen: Erst die Gesamtmenge jener Werbeäußerungen, die so arbeiten, bringt die Wirkungen hervor, mit denen wir konfrontiert sind und von denen sich die Ära Erhard schon so viel versprach.

Einer der Effekte dieses Textkorpus Werbung besteht in der schon angesprochenen Organisation unserer Konstruktionen des Wünschens oder – werbesprachlich – unserer Konzeptionen des Wünschenswerten.

Die Grundlagen hierfür sind mittlerweile hinlänglich bekannt: Es sind immer einige zentrale Bedürfnisse oder Motivationen, die Menschen antreiben. Auf diesem Feld scheint es tatsächlich überzeitliche und interkulturelle Konstanten zu geben. Lange Zeit galt Abraham Maslows »Bedürfnispyramide«[33] dabei als das geeignete Beschreibungsmodell. Mittlerweile münden die Ergebnisse der verschiedenen Theorien und Forschungen auf diesem Gebiet in immer elementareren Modellen, wie sie etwa der Psychologe Klaus Grawe mit seinen vier Motivationsfeldern entwickelt hat.[34] Bindung, Selbstwerterhöhung, Orientierung und Kontrolle sowie das Streben, Unlustgefühle zu vermeiden und Lust zu suchen, sind in diesem Modell die vier entscheidenden motivationalen Faktoren. Sie wechselwirken naturgemäß, und unser Bestreben ist es, so Grawe, sie in einer vernünftigen Balance zu halten.

Wie wir unser Wünschen strukturieren, wird immer der Gravitation dieser Basismotivationen unterliegen. Für die konkrete Ausgestaltung allerdings kann es kulturell und individuell höchst unterschiedliche Konzepte geben. Weil das so ist und weil in einer halbwegs funktionierenden Gesellschaft diese individuellen und subkulturellen Konzepte einigermaßen zusammenpassen müssen, wenn wir nicht ständig miteinander in nennenswerte Konflikte geraten wollen, drehen sich die Geschichten von Jerome Bruners Alltagspsychologie um die Frage nach dem Verhältnis von Wünschen, Erfahrungen und Regeln.[35] Diese Geschichten sind ein wesentlicher Teil unserer Alltagsdiskurse, und unsere Alltagsdiskurse kreisen letztlich insgesamt um die Frage, was – vor dem Hintergrund der Motivationen, die uns allen gemeinsam sind – das »gute Leben« und das »richtige Leben« sein sollen.

Es ist klar, dass die Beantwortung dieser Frage mit der Zunahme der verfügbaren Optionen der Lebensgestaltung eine immer verzwicktere Aufgabe wird. Und entsprechend gewinnen auch die Diskurse über die akzeptablen Varianten »guten« und/ oder »richtigen« Lebens an Intensität. Die Vermehrung der Optionen ist eine unvermeidliche Folge angewandter Steigerungslogik, die unsere Kultur prägt, und sie wirkt auf nahezu alle Lebensbereiche: Optionsüberschuss herrscht ja schon lange nicht mehr nur auf dem Gebiet der kommerziellen Angebote – Produkte, Inhalte, Dienstleistungen –, sondern beispielsweise auch auf dem Gebiet der Spiritualität, der Freizeitaktivitäten, der Reiseziele, der Lebensstile, der Bildung. Man schaue sich nur die Flut neuer Studiengänge an, die jährlich an den deutschen Universitäten hinzuerfunden werden. Das Problem besteht dabei nicht nur in der Qual des ständigen Auswählen-Müssens aus schwer oder nicht mehr überschaubaren Mengen von Angeboten, sondern zusätzlich – und gravierender – in der Notwendigkeit, all das so miteinander verknüpfen zu müssen, dass die dabei entstehende Kombination es wahrscheinlicher macht, dass der eigene, wie auch immer unscharfe Entwurf vom guten Leben seine biografische Entsprechung finden kann.

Dieser Prozess, das eigene Leben als »gutes«, »richtiges« Leben zu entwerfen und diesen Entwurf zu realisieren, ist nun aber nicht allein – wie zu allen Zeiten – durch die Unwägbarkeiten des menschlichen Lebens an sich permanent bedroht. Er wird zusätzlich auch dadurch erschwert, dass ständig neue Optionen hinzutreten, die den bisherigen Entwurf »alt« aussehen lassen können. Und da unsere Kultur weitgehend das Vorurteil verinnerlicht hat, dass das Neue auch automatisch das Bessere sei, ist jede neue Option automatisch auch der Feind dessen, was wir eben noch als guten Entwurf angesehen hatten. Mit jeder neuen Option – ob Produkt, Bildungsofferte, Fitnesssensation, Karrierechance, Wunderdiät, Beziehungsangebot, Theorie, Methode etc. – taucht auch die Bedrohung am Horizont auf, dass wir unsere bisherigen Entwürfe und Bemühungen womöglich als gescheitert betrachten müssen. Selbst wenn wir grundsätzlich in den richtigen Kategorien aktiv gewesen sind und die Kombination im Prinzip stimmte, könnte sich erweisen, dass wir das Richtige auf die falsche Weise getan haben: falsch trainiert, falsch gehungert, falsch gespart, falsch gearbeitet.

Bei Jugendlichen – die gezwungen sind, Vorstellungen vom richtigen Leben vor dem Hintergrund geringer Erfahrung zu entwerfen und gleichzeitig im Kreuzfeuer von Optionsüberschüssen stehen – ist diese Verunsicherung hinter der Fassade abgeklärter Schnoddrigkeit immer wieder gut zu beobachten. Aber die Verunsicherung darüber was denn nun das Richtige angesichts einer Überfülle von Möglichkeiten des Scheiterns sein könnte, hat auch die Erwachsenen aller Altersstufen erfasst. Die Sucht nach dem Neuen mündet in einer verzweifelten Sehnsucht nach dem Richtigen, die permanente Unsicherheit verlangt nach einer (Er-)Lösung.

## Werbung und Transzendenz

Werbung bietet beides auf einmal: eine »Lösung« in Form des konkreten Angebots und »Erlösung« in Form eines Modells des Richtigen. Werbung kann uns sagen, wie wir sein sollen. Für sich allein genommen bieten Werbungen, die mit den Strategien der Steigerung, Transformation oder Substitution arbeiten, Produkte an, die konkrete Problemlösungen darstellen und damit auf eine Option verweisen, wie man auf einem Teilgebiet des Lebens etwas richtig macht. Zusammengenommen bietet uns der Textkorpus solcher Werbung Modelle des richtigen, guten Lebens an.

Das bedeutet, dass Werbung immer gleichzeitig in zwei Sphären unterwegs sein muss: in der ökonomischen Sphäre der schnöden Warenwelt, in der alltagspraktische Bedürfnisse gegen Geld befriedigt werden, aber gleichzeitig auch in einer Sphäre, die mit Ökonomie schon insofern nichts zu tun hat, als es dabei um Dinge geht, die man für Geld nicht kaufen kann – Glück, Zufriedenheit, Liebe, Identität, Freiheit, gelungenes Leben.

Werbung steht damit vor einer beeindruckenden Herausforderung: Sie muss zwischen beiden Sphären eine Brücke schlagen. Sie muss eine plausible Verbindung schaffen zwischen materiellen Produkten und immateriellen Werten, zwischen dem Profanen und dem Erhabenen, zwischen dem Austauschbaren und dem Unersetzlichen, zwischen Trivialem und Wesentlichem, zwischen Ökonomie und Sinn.

Wie ist dieser Brückenschlag zu schaffen? Trivialerweise gar nicht. Dennoch versucht Werbung dies täglich millionenfach. Der Versuch besteht immer in der Koppelung eines vorgestellten oder als bekannt vorausgesetzten Produktnutzens mit einem behaupteten Effekt, der jenseits dessen liegt, was Produkte leisten können. Besonders deutlich wird das etwa in der Werbung für Produkte zur Körper- und Selbstoptimierung. Hier wird nicht nur der Effekt (etwa Gewichtsabnahme bei einem Diätprodukt), sondern in der Regel ein weites Spektrum an durch Gewichtsreduzierung zu erreichenden Glückszuständen dargestellt: Bewunderung, Zufriedenheit, gelungene Partnerschaft, soziale Attraktivität.

Seinen Wert bezieht der Effekt dadurch, dass er uns der Realisierung eines Entwurfs von einem guten, richtigen Leben näher bringt – wobei passende Entwürfe von der Werbung gleich mitgeliefert werden.

Da wir hier von Marken sprechen, heißt das, dass bei derart beworbenen Marken neben das Markenversprechen eine Versprechung tritt, eine Versprechung, die immer auf eine Transformation abzielt. Die Versprechung lautet, dass die Konsumtion des Angebotes uns Verbraucher, unser Selbst, unser Leben und Sein verwandeln wird. Werbung bietet uns reine Magie!

Es wimmelt in Werbung nur so von dargestellten Verwandlungen, die selbst einen Harry Potter erblassen ließen: Aus Autos werden schwarze Panther, aus Benzin wird ein Tiger, der neben dem damit betankten Fahrzeug herspringt, verdreckte Flächen verwandeln sich in Spiegel, Comicfiguren springen von Umverpackungen und machen ein Kinderfrühstück zur Abenteuerreise, rheumageplagte Seniorinnen verwandeln sich in tanzende Sportskanonen, Kahlköpfige in George-Clooney-Beaus. Auch der umgekehrte Weg ist möglich, wenn Speisen, die durch Meister ihres Fachs von Hand zubereitet wurden, sich in millionenfach replizierte Tiefkühlgerichte verwandeln.

Seit die digitale Filmtechnik die Möglichkeiten des Morphings radikal erweitert hat, wimmelt es in der Werbung nur so von

Gestaltwandlern, die nicht mehr gezeichnet werden müssen, sondern sich realistisch transformieren. Es ist dies nicht einfach nur ein Stilmittel, sondern zutiefst ein Ausdruck des magischen Charakters von Werbung, die die Verwandlung der Welt zum Gegenstand hat. Unsere Produkte – und wir, die Werbung selbst! – verwandeln eine unzulängliche Welt in eine gute, eine gute in eine noch bessere und dich, Verbraucher, in ein vorzeigbares, zeitgemäßes und richtiges Individuum.

Die Kluft zwischen Markenversprechen und Wandlungsversprechungen kann enorm oder auch klein sein. Aber auch da, wo beide nahe zusammenliegen, lässt sich die Struktur gut erkennen und das Magische wird überdeutlich: *Snickers* ist ein besonders bei Männern beliebter Schokoriegel. Wie bei Schokoriegeln üblich verbreitet sich beim Hineinbeißen explosionsartig der Eindruck starker Süße, die zugefügten Erdnüsse konterkarieren das mit leichtem Salzgeschmack und geben dem Ganzen Biss und ermöglichen trotz der zäh-weichen Füllung ein echtes Kauen. Wer den Eindruck hat, seinen Blutzuckerspiegel schnell hochjagen zu müssen, und dabei wirklich etwas »zwischen den Zähnen« haben will, ist da vollkommen richtig. Das Markenversprechen von *Snickers* ist klar: Der Riegel schmeckt und torpediert den Heißhunger. »… und der Hunger ist gegessen!«, lautet entsprechend der Claim. Das trifft nach Maßgabe einiger Selbsttests, denen ich mich unterzogen habe, tatsächlich zu, wenn auch – aus naheliegenden metabolischen Gründen – nur für kurze Zeit. In einer Serie von Spots, die für *Snickers* werben, wird in Varianten inszeniert, wie eine zickige, nervige »Diva« sich beim Biss in ein *Snickers* sofort wieder zum gewohnt entspannten Kumpel zurückverwandelt. Ein aus meiner Sicht handwerklich gelungener Spot, der gleich auf mehreren Ebenen die

Rhetorik der Übertreibung nutzt, um seine Botschaft zu transportieren: zielgruppenadäquat, sehr nah am Markenversprechen mit einer knappen, gelungenen Story und einer zielgenauen Metaphorik, nicht aufgeladen mit produktfernen Heilsversprechen.

Was stattdessen an dieser Stelle festzuhalten ist, ist die typische argumentative Struktur des Spots: Das Produkt verwandelt die Person, die es nutzt. In diesem Falle geht es um eine doppelte Verwandlung, bei der unser Held offenbar erst sich selbst und seine Identität verliert (»Du bist nicht du, wenn du hungrig bist«), um dann mithilfe des magischen Produktes wieder zurückverwandelt zu werden. *Snickers* verschafft dem Nutzer also immerhin kein besseres Selbst, hilft ihm aber, dem Selbstverlust wieder zu entkommen. Bei etwas so Banalem wie einem Schokoriegel geht es hier also um einen hohen Wert: um die Möglichkeit, selbstidentisch zu bleiben – und auch um die sozialen Beziehungen des Individuums. Denn für die Freunde ist es offenbar ein hoher Wert, dass alle in der Gruppe so bleiben, wie sie sind. Die gegenseitige Toleranz gegenüber dem So-Sein des anderen und die Wertschätzung, die selbstidentischem Verhalten beigemessen wird, sind ohnehin ein hoher Wert in Männergruppen und ein wesentlicher Teil ihres Wohlfühlpotenzials. Auch dieser Wert ist hier massiv bedroht, eine Grenze überschritten: Nicht nur ist der betroffene Mann während seiner Verwandlung kein Mann mehr, sondern eine Frau, wodurch die Identität der gesamten Gruppe bedroht wird. Sie ist nun keine Männergruppe mehr, und von Wohlfühlfaktor kann keine Rede mehr sein. Dem magischen *Snickers* ist demnach gleich eine ganze Reihe von Rettungen zu verdanken: Es rettet das Selbst des Protagonisten, stellt Identität und Qualität der Gruppe sicher und verhindert den sozialen Ausschluss des Helden.

Mit anderen Worten: Eigentlich haut diese Werbung ganz schön auf den Putz, nur um den Rezipienten zu erzählen, dass man bei einer plötzlichen Hungerattacke und resultierender Reizbarkeit – zumindest unter Ermangelung ökotrophologisch sinnvollerer Alternativen – durchaus zu diesem Produkt greifen kann. Wie auch immer parodistisch humorvoll streut sie die Idee, dass Hungergefühle zu Selbstverlust und unerwünschten sozialen Folgen führen könnten. Der Werbetext semantisiert also Hunger um und gibt ihm eine neue, angesichts einer Überflussgesellschaft zeitgemäßere Bedeutung: Hunger ist hier nicht so sehr das existenzielle, physiologisch-bedrohliche Phänomen, das in Maslows Bedürfnispyramide ganz unten an der elementaren Basis stehen würde. Angesichts des gut genährten Protagonisten in dem Spot geht es offensichtlich nicht um die Gefahr eines physischen Zusammenbruchs, sondern um psychische und soziale Risiken. Der *Snickers*-Hunger zielt auf die Motivationsfelder Orientierung/Kontrolle und Bindung ab. Der Kontrollverlust beginnt ja schon damit, dass der Betroffene selbst erst zu spät bemerkt, dass er eigentlich Hunger hat. Das müssen seine Freunde und Helfer erkennen und ihm klarmachen – nachdem ein weiterer, schlimmerer Kontrollverlust in Form einer Transformation zur Zicke eingesetzt hat. Diese Metamorphose gefährdet die soziale Bindung an die Freunde, sie wird aber auch durch eben diese freundschaftliche Beziehung im Männerbund umgehend kompensiert und »geheilt«. Der Werbetext schafft es damit scheinbar im Vorübergehen, ein Problem, das eigentlich keines ist – kurzfristiger Kalorienmangel eines leicht übergewichtigen Mannes –, in ein gravierendes Problem zu überführen – Selbstverlust und Bindungsverlust – und dabei ein physiologisches Gefühl in ein soziales und psychologisches Problem zu überführen. Auch das ist eine typische Tendenz von Werbung insgesamt: Sie schiebt sozusagen in der Bedürfnispyramide die thematisierten Bedürfnisse möglichst weit nach oben und auf höhere Ebenen. Banale Probleme werden in existenzielle verwandelt, physiologische Phänomene werden zu emotionalen Phänomen uminterpretiert, und am Ende geht es möglichst immer um die zentrale Frage, wer wir sind, um unser Selbst im Spiegel der eigenen Wahrnehmung und in den Augen der anderen.

Sie tut dabei meistens noch mehr, wie sich an unserem *Snickers*-Beispiel ebenfalls zeigen lässt. Weil hier eine Geschichte erzählt und damit das Thema immens verdichtet wird, kreiert der Spot zwangsläufig zusätzlichen semantischen Überschuss: Er produziert ein Bild und implizite Theoreme darüber, wodurch sich Männergruppen auszeichnen, was ihre Qualität für die Mitglieder ausmacht, welche Eigenschaften in ihnen gefragt sind und welche zum Ausschluss führen könnten. Er schreibt die dargestellten negativen Eigenschaften einer Frau zu (Zicke, Diva), während männliches Verhalten positiv überhöht wird, und bietet damit ein (wie auch immer comedyartiges) Geschlechterrollenmodell an: Frauen zicken, sind nervig, kleinlich, Männer dagegen lässig, tolerant, verzeihend, hilfsbereit und reagieren in Notsituationen unaufgeregt, schnell und adäquat.

Wichtig ist mir in diesem Zusammenhang die Demonstration der typischen Struktur von Werbung und ihrer Elemente:

- Nutzung und Darstellung von magischen Transformationen auf der Darstellungsoberfläche.
- Rhetorische Übertragung der Transformation auf die semantische Ebene von Problem und Lösung, wobei beides hyperbolisch gesteigert wird.

- Semantische Verschiebung von Phänomenen in einen kulturell als höherrangig behandelten Kontext: Überführung von Banalem und Profanem in Relevantes, Existenzielles oder Erhabenes.
- Kollaterale Konstruktion von Wertsystemen, ideologischen und ästhetischen Modellen, beispielsweise implizit vermittelte Geschlechterrollen, Identitätskonstrukte, Definitionen von Schönheit, Modelle des sozial Erwünschten, von Zugehörigkeitsbedingungen oder Präsentation von Elementen eines guten und richtigen Lebens.
- Komplexitätsreduktion und Pointierung: Wenn das Angebot die Lösung sein soll, muss das Problem so konstruiert sein, dass komplexe Ursache-Wirkungs-Beziehungen gar nicht erst in Betracht kommen.

Die Notwendigkeit zur Komplexitätsreduzierung ist ein selbst gemachtes Problem von Werbung, die mit Steigerung, Transformation und Substitution arbeitet. Würde man beim Produktnutzen und beim ursprünglichen Markenversprechen bleiben, müsste man lediglich auf einen einfachen Zusammenhang von Ursache und Wirkung, Problem und Lösung in einem klar umrissenen Kontext verweisen. Der Slogan »Brille: Fielmann« bringt einen solchen, unmittelbaren Bezug auf den Punkt. Sobald aber Werbung damit beginnt, Welten zu entwerfen, die es ermöglichen, das Produkt jenseits davon mit zusätzlichen semantischen Merkmalen auszustatten, deren Rückbezug auf die Realität des Konsumenten nicht überprüft werden kann – also das Markenversprechen um Werbeversprechungen erweitert –, wird eine Situation geschaffen, in der zwangsläufig logische Probleme entstehen, über die der Rezipient der Werbung nach Möglichkeit nicht nachdenken sollte, weil die Konstruktion sonst in sich zusammenbräche.

Also muss Werbung mit dem doppelten Problem fertigwerden, einerseits unsere Aufmerksamkeit auf sich ziehen zu müssen und unbedingt wahrgenommen werden zu wollen – und gleichzeitig zu verhindern, dass wir über das Wahrgenommene nachzudenken beginnen. Überraschen und Imponieren ist dabei die Strategie. Humor ist eine Variante der Überraschung. Bildgewalt, wie wir sie aus Hollywood-Blockbustern kennen, schnelle Schnitte, Action, ist imposant und bietet überraschende Effekte. Beeindrucken kann man aber auch durch Autoritäten: Deshalb wimmelt es in bestimmten Werbeäußerungen beispielsweise nur so von Weißkitteln, die in irgendwelchen Hightech-Labors von ihren Mikroskopen und Computern aufschauend Mahnungen und Empfehlungen aussprechen, oder von väterlich dreinblickenden Ärzten, die das Gleiche tun.

Im gewissen Sinne betteln uns viele Werbespots geradezu an, jetzt bitte, bitte nicht über die Versprechungen nachzudenken, die sie uns da gerade auftischen. Zum Beispiel darüber, ob es wirklich so eine gute Idee ist, einem Freund, der offenbar regelmäßig Symptome einer Hypoglykämie zeigt, einen Zucker-Fett-Snack anzubieten.

Werbung, die übertreibt und sich der entsprechenden rhetorischen Mittel bedient, kann das auf zwei Arten tun: Sie kann ein Produktmerkmal pointieren, aber dabei so nahe am Markenversprechen bleiben, dass dieses lediglich bekräftigt wird (Typ A). Sie kann aber ein solches Produktmerkmal derart steigern, dass es eine völlig neue Qualität erhält und seine eigentliche Produktklasse scheinbar hinter sich lässt und in völlig neue Dimensionen gerät (Typ B). Für Letzteres ist die Hyperbolik von *Red Bull* ein gutes Beispiel. Wieder wird hier eine Metamorphose gezeigt, wenn dem Männchen in der Animation Flügel wachsen und es buchstäblich abhebt und wegfliegt. Bei aller Metaphorik wird auf diese Weise klargemacht, dass es sich hier nicht einfach um ein Erfrischungsgetränk mit anregender Wirkung handelt, sondern um eine Substanz, die den Zustand des Konsumenten entscheidend verändern kann – wieder eine Transformation, diesmal die des Users. Recht unzweideutig bewirbt sich *Red Bull* mit dieser Metaphorik von Abheben und High-Sein selbst als legale Droge – diesmal also eine Transformation des Produktes. Mit seinem unglaublichen Erfolg wiederholt *Red Bull* dabei den Erfolg, den *Coca-Cola* 100 Jahre zuvor mit der im Grunde gleichen Strategie eingeleitet hatte. Bemerkenswert an Marken wie *Red Bull* ist, dass das Markenversprechen genau betrachtet in den Werbeversprechungen aufgeht.

Für Marken-Owner von Gebrauchsgütern ist dies keine Option, zumal, wenn sie keinen wirklich schlagenden Produktvorteil zu bieten haben und von Konkurrenten umgeben sind, die im Prinzip das gleiche Können besitzen wie sie selbst. Werber und Marketingexperten legen ihnen daher nahe, das Problem durch Emotionalisierung des Produktes zu lösen, durch die Anknüpfung an Konzeptionen des Wünschenswerten, durch Versprechungen, die letztlich auf das gute Leben abzielen.

All diese Strategien führen dazu, dass die Werbekommunikationen die Sphäre verlassen, in der ursprünglich über ökonomische Angebote verhandelt wird. Es geht darum, Themengrenzen, semantische Grenzen, Diskursgrenzen zu überschreiten. Markenversprechungen haben den Zweck, das Angebot zu transzendieren. Plötzlich geht es nicht mehr um Pflanzenfett, sondern um Liebe. Es geht nicht mehr um Mobilität, sondern um Freude.

Es geht nicht mehr um Sauberkeit, sondern um Verantwortung für die Familie, nicht mehr um einen Snack, sondern um Freundschaft und Identität oder darum, eine gute Mutter zu sein, nicht mehr um ein Schmuckstück, sondern um die Ewigkeit. Wo es sich eigentlich darum handelt, alltagspraktische Probleme zu lösen, scheint es am Ende bei der Angebotsauswahl wichtig zu sein, ob man im Leben scheitert oder sein Glück findet.

Im Dauerbeschuss der Werbung mit dieser Art von Transzendenz wird aber genau an der Aufweichung dieser hergebrachten Trennungen und Unterscheidungen gearbeitet. Auf lange Sicht sollen wir lernen, dass nichts, wirklich gar nichts der Bearbeitbarkeit und Verbesserbarkeit durch Konsum entzogen ist. Durch die permanente Koppelung von Marktangeboten an letztlich immaterielle Werte, die uns Werbung auf jede erdenkliche Weise rekurrent präsentiert, wird ein Gegenentwurf zu tradierten philosophischen, spirituellen und religiösen Diskursen vorgelegt. Glück, Freiheit, Identität und am Ende womöglich gar der Weltfrieden sind in dieser Logik durchaus als Hervorbringungen unseres Wirtschaftssystems denkbar. Es geht in der Werbung schon lange nicht mehr nur um das Haben, sie zielt vielmehr auf unser Sein.

Diese neue Glaubensrichtung hat durchaus ihre Anhänger. Aber mehr und mehr Menschen sind davon eben auch genervt. Mit Argwohn betrachten Wirtschaft und Werbung die *millennial generation,* die immer ignoranter gegenüber Werbeversprechungen und ganzen Produktgruppen zu werden scheint, aber auch die wachsenden Diskurse anderer Gruppen, die auf der Grenze bestehen, die das Profane vom Heiligen, das Absurde vom Funktionalen, das Haben vom Sein trennt.

## Markenwerbung und das Hau

Markenwerbung will nicht nur neue Käufer gewinnen, sie will mindestens ebenso sehr Bindung schaffen. Marken haben viel mit Verlässlichkeit zu tun, die wechselseitig gelten soll. Markenangebote müssen zuverlässig ihren markenbildenden Standard erfüllen, und das Markenversprechen muss immer wieder neu eingelöst werden. Im Gegenzug erwartet die Marke von ihren Kunden Treue. Nun ist Loyalität im ökonomischen Bereich seit Langem ein bröckelnder Wert, sei es in der Arbeitswelt, sei es im Konsumverhalten. Im Rahmen einer ökonomischen Rationalität, die den kurzfristigen pekuniären Vorteil in den Vordergrund stellt, ist das eine logische Konsequenz.

Unabhängig davon ist eine Warenökonomie ohnehin genau dadurch gekennzeichnet, dass sie rein wirtschaftsrational und ohne die Voraussetzung sozialer oder emotionaler Bindung und Verbindlichkeiten auskommt. Im Sinne Luhmanns ist im sozialen System Markt mit der Zahlung der Ware eine Kommunikationssequenz befriedigend abgeschlossen. Für den Tausch von Waren gegen Geld braucht es keine Kommunikation unter Anwesenden, er setzt keinen persönlichen Kontakt voraus und impliziert keinerlei soziale Bindung zwischen den Partnern. Psychische Kategorien wie Bindung, Treue, Loyalität, Emotionalisierung spielen in der modernen Warenökonomie keine Rolle, im Gegenteil, der Ware-Geld-Tausch befreit die moderne Ökonomie von den Restriktionen der Gaben- und Schenkökonomie.

So gesehen ist die an sich schon unwahrscheinliche Entstehung von Marken auf modernen Märkten etwas hoch Informatives, und dass dabei auch noch so etwas wie Markentreue entstehen kann, ist noch unwahrscheinlicher. Marken schaffen es also auf die ein oder andere Weise, in einem durch Anonymität, Rationalität und grundsätzliche Unverbindlichkeit gekennzeichneten Austauschsystem so etwas wie Bindung zu erzeugen, indem sie Erwartungsbündel organisieren, Kommunikationsfunktionen bereitstellen und sogar Emotionen wie Dankbarkeit entstehen lassen können. Diskursmarken schaffen das durch beständige Qualität, durch besondere Zusatzleistungen (etwa im Service), durch außergewöhnliche Produktvorteile (die aber meist schnell eingeholt werden können) oder – wie bei Identitätsmarken der Fall – durch Sympathiebeziehungen zum Marken-Owner.

Werbemarken gehen demgegenüber einen anderen und durchaus bemerkenswerten Weg. Immer öfter versucht Werbung, die ökonomische Dimension des Angebotes und des angestrebten Tauschs von Waren gegen Geld zu verschleiern und stattdessen das Angebot als ein Geschenk erscheinen zu lassen.

Die grobe Variante dieser Strategie kann man ständig in Form des Zusatzgeschenks beobachten. Mobilfunkanbieter »schenkten« und »schenken« bei Vertragsabschluss ihren Kunden Mobiltelefone und Tablets dazu. Ein Geschenk, das den Entwicklern die Tränen in die Augen trieb, weil dadurch beim Kunden der falsche Eindruck entstehen konnte, ihre kleinen technischen Wunderwerke seien nicht besonders viel wert. Fachmärkte werben bei Aktionen damit, sie würden den Kunden die Mehrwertsteuer schenken! Selbst da noch, wo die Werbung den eigentlichen, grundlegenden ökonomischen Kontext, in dem sie sich äußert, ganz unverschleiert thematisiert und »Geiz ist geil!« ruft, wird uns implizit suggeriert, dass der Marken-Owner uns etwas schenkt: Wo wir so hemmungslos geizig sein dürfen, dass es uns geradezu ekstatische Gefühle bereiten kann, muss der Marken-

Owner doch nahezu auf seine Marge verzichten (oder zumindest in unserem Interesse seine Lieferanten so harsch im Preis gedrückt haben, dass er einen enormen Vorteil an uns weitergeben kann).

Die weitaus subtilere Strategie des vermeintlichen Schenkens besteht darin, das Angebot – das Produkt oder die Dienstleistung mit den konkreten Merkmalen und dem erlebbaren Nutzen – zur Nebensache zu erklären, während der in der Werbesprache so genannte »Zusatznutzen« und damit der in den Werbeversprechungen enthaltene »Effekt« zur Hauptsache verklärt wird. Zahlen soll der Kunde zwar für das materielle Produkt, was er aber erhält, ist etwas Immaterielles, dessen Wert weit über den Kaufpreis hinausreicht.

Werbung verspricht uns im Grunde immer, dass der Marken-Owner uns etwas schenkt, das man für Geld nicht kaufen kann. Der Kauf eines Pkws ist trivial, die mitgelieferte Freude ist jedoch ein Geschenk. Kosmetika schenken uns Schönheit und ewige Jugend dazu. Pillen und Salben lindern nicht einfach Symptome, sie schenken uns obendrein Zufriedenheit und soziale Teilhabe. Parfums lassen uns nicht einfach besser riechen, sie machen uns zu Halbgöttern. Die Tasse Tee am Abend ist nicht einfach wohltuend; als Geschenk kommt die Befreiung von allen Ängsten und Sorgen hinzu. Event- und Reiseanbieter organisieren nicht einfach unsere Ausflüge, sie schenken uns unvergessliche Erlebnisse. Selbst noch ein profaner Schokoriegel gibt uns unser Selbst zurück. Haushaltsreiniger, Frühstücksflocken und Süßigkeiten schenken uns die Zuwendung unserer Lieben und eine Identität als gute Eltern (insbesondere: gute Mütter). Die Liste ließe sich schier endlos fortsetzen. Auch das stete Lächeln, das einem vom Servicepersonal geschenkt wird, hat eine Bindungsfunktion und dient dazu, Bindungsgefühle beim Kunden zu aktivieren.

*Mastercard* hat in seinen Werbespots die Relation zwischen dem Käuflichen und dem Nichtkäuflichen explizit thematisiert: Verschiedene Situationen des Konsums werden dargestellt und mit außergewöhnlichen Ereignissen konfrontiert, die mit intensivem positivem Erleben verbunden sind. »Unbezahlbar« sind diese, laut Werbetext, »für alles andere gibt es Mastercard«. Aber auch hier sind die Sequenzen so montiert, dass die Scheckkarte selbst den Rahmen zu ermöglichen scheint, in dem diese identitätsstiftenden Erlebnisse realisiert werden. Das Unbezahlbare wird so letztlich indirekt eben doch ein Geschenk an den Produktnutzer. Ein beliebtes Werbegeschenk ist in diesem Kontext auch das »gute Gewissen«. Nicht von ungefähr erinnert dieser Deal an den Ablasshandel der frühen Neuzeit – Geld gegen Erlösung.

Der Unterschied liegt einzig darin, dass hier nicht unmittelbar für das Seelenheil gelöhnt werden kann, sondern nur auf dem Umweg über die Bezahlung des ursprünglichen Angebotes. Eben weil sich die Zahlung auf das materielle Produkt bezieht und den – meist anonymen – Käufer sogleich »entschuldet«, kann der Zusatznutzen als Geschenk klassifiziert werden. Umgekehrt kann der Zusatznutzen nicht eingeklagt werden, schließlich hat man ja lediglich für das Produkt gezahlt.

Mit dem Taschenspielertrick, das Element des Geschenks in den Handel einzuführen, schafft es die Werbung, die Rationalität der Warenökonomie in die Emotionalität der Gabenökonomie zu überführen. Wie alle Theorien zur Gaben- und Geschenkökonomie – von Marcel Mauss bis zu Pierre Bourdieu – betonen, geht es in dieser Gabenökonomie in erster Linie um das Schaffen von Bindungen, die implizite Definition sozialer Beziehungen, das Herstellen von sozialen Verpflichtungen.

In der Kultur der Maori Neuseelands gibt es die Vorstellung des »Hau«: Nach dieser Weltsicht wohnen allen Wesen und Dingen Geister inne. Nimmt man nun eine Jagdbeute aus den Bergen oder einen Baum aus dem Wald mit, will das Hau des Rehs oder Baumes wieder zurück an seinen Ursprungsort. Das Gleiche gilt nun auch für Geschenke: Nimmt man von jemandem ein Geschenk an, so zieht es dessen Hau zurück zum ursprünglichen Besitzer. Durch das Hau entsteht also automatisch eine Rückbindung des Beschenkten an den Schenkenden – der damit auch ein wenig Macht über den Beschenkten gewinnt. In jedem Geschenk steckt nach dieser Vorstellung sozusagen ein Trojanisches Pferd, das dem Geber Zugang zum Gabennehmer verschafft. Kein Wunder also, dass es diesen zu einer angemessenen Gegengabe drängt. Das Hau der Werbung steckt im Zusatznutzen. Und es zeigt wieder die Vorliebe der Werbung für die Nutzung magischer Praktiken (die die Werber ihren Kunden unter dem verschleiernden Namen »Werbepsychologie« verkaufen).

Während in der traditionellen Geschenkökonomie also jede Gabe nach einer Gegengabe verlangt, durch die auch das Ungleichgewicht zwischen Schenkendem und Beschenktem nach angemessener Zeit wieder aufgehoben (oder zumindest abgemildert) werden kann, kann der Kunde, den die Warenökonomie durch seine Zahlung eigentlich ja sofort wieder in seine Unabhängigkeit und Autonomie entlässt, das zusätzliche Geschenk, das die Werbeversprechungen ihm suggerieren, nicht durch eine Gegengabe neutralisieren: Falls er sich auf die Simulation der Geschenkökonomie durch die Werbung einlässt, hat er zukünftig nur noch die Option, das Geschenk durch Gefolgschaft und Markentreue zu entgelten. Diese Art von Bindung, die durch das Geschenk zustande kommt, spiegelt sich in so erstaunlichen Formulierungen wider wie der, »man sei fremdgegangen«, wenn jemand einmal zu einem anderen Produkt gegriffen hat als dem der habituell gekauften Marke.

## Verstehen und Verstanden-Werden

Bindung kann auch auf andere Weise aufgebaut werden: Wenn der Marken-Owner mit seiner Werbung es schafft, dass wir Verbraucher uns zutiefst verstanden fühlen, steigt die Wahrscheinlichkeit, dass wir Verbundenheit empfinden.

Deshalb betreibt Marktforschung einen immensen Aufwand, unsere Sehnsüchte zu ergründen. Wer sie formulieren kann und in der Lage ist, ihnen in allegorischen Geschichten und Bildmetaphern Ausdruck zu verleihen, hat gute Chancen, mit seinen Kommunikationen erfolgreich anzuschließen. Denn wir lieben Menschen, die unseren Sehnsüchten Ausdruck verleihen können und sie demgemäß offenbar mit uns teilen.

Die Werbung der Baumarktkette *Hornbach* versteht sich wunderbar darauf, die Sehnsüchte von handwerkenden Männern ins Bild zu setzen (man denke nur an den Spot mit der Hosensuche-Odyssee). Über die Angebote der Märkte können sich diese Werbeäußerungen ausschweigen – sie fokussieren klar auf die Herstellung von Einverständnis.

Ähnlich operieren Werbespots, die für Tiernahrung und Tierpflegeprodukte werben, wenn sie demonstrieren, wie ganz und gar sie die Sehnsucht nach einer tiefen Beziehung zum geliebten Tier begriffen haben. Die Werbung für *Sheba*-Katzenfutter verleiht der dargestellten Beziehung zur Katze sogar relativ unverblümt eine Komponente, die keinen Zweifel mehr daran lässt, dass das Tier den Partner substituiert, für dessen Gegenliebe man bereit sein muss, das Beste zu investieren.

Sich verstanden zu fühlen ist zunächst einmal ein gutes Gefühl. Wer es schafft, den angesprochenen Gruppen dieses Gefühl zu vermitteln, evoziert automatisch ein Gefühl der Komplizenschaft: Sollen die anderen doch denken, was sie wollen – du, Marke, weißt jedenfalls genau, was ich empfinde, und signalisierst mir durch die Art, wie du das tust, nicht nur Einverständnis, sondern bestärkst mich auch noch in meinen Gefühlen und Wünschen. Zielgruppenadäquate Werbung besteht letztlich immer darin, diesen Eindruck der Komplizenschaft herzustellen. Einem Kommunikationspartner, der uns dieses Gefühl vermitteln kann, trauen wir als Nebeneffekt auch Kompetenz auf dem jeweiligen Feld zu. Wenn *Sheba* Frauen versteht, die Katzen lieben, dann liebt *Sheba* ja wohl auch seinerseits Katzen und weiß, wie man sie glücklich macht und für sich einnimmt.

Und wie gesagt: Alle, die das merkwürdig finden könnten, interessieren in dieser Komplizenschaft nicht. Im Gegenteil bekräftigt das Kopfschütteln der anderen den Bund nur noch.

Werbemarken werden daher immer danach streben, komplizenhaftes Einverständnis zu Teilgruppen der Kultur aufzubauen. Der einzige breite Konsens, auf den Werbung angewiesen ist, ist die weitgehende Einigkeit über die Vorzüge der aktuellen Konsumgesellschaft, die alternativlos und einzig in der Lage ist, die beste aller vorstellbaren Welten bieten zu können. Jenseits dieses Konsenses aber profitiert Werbung von den feinen und groben Unterschieden, anhand derer sich Subkulturen und gesellschaftliche Klassen differenzieren. Breiter gesellschaftlicher Konsens entzieht Werbung wertvolle Energie, weil die Optionen für das

Sich-Verbrüdern und Sich-Verschwistern und das Sich-Verbünden gegen die jeweils anderen dadurch entfallen.

Man beobachte nur, wie schnell die Zigarettenwerbung aus der Ausgrenzung von Rauchern aus öffentlichen Innenräumen semantisches Kapital gezogen hat und wie geschickt sie dieses Angebot nutzte, neue Ausdrucksformen des Verstehens und der Komplizenschaft zu finden: Die Ausgrenzung der Raucher bietet nun ein semantisches Raummodell an, in dem »draußen« mit dem Interessanten, Lebendigen, Individuellen, Kommunikativen, Beziehungsintensiven verbunden ist, während – qua Implikation – die Normalos »drinnen«, in wunderbarer Umkehrung der Verhältnisse, nun eben mit der Tatsache zurechtkommen müssen, von alldem ausgegrenzt zu sein.

Kulturelle Differenzen und Konflikte und die mit ihnen verbundenen kontroversen Diskurse sind somit eine wertvolle Ressource für Werbung und Werbemarken. Das auffälligste Beispiel ist dabei wohl der Umgang mit dem Genderdiskurs. Die diskursive Auflösung der traditionellen Geschlechterrollen seit den 1960er-Jahren und die zahlreichen Versuche, diese zu dekonstruieren, zu rekonstruieren, neu zu konstruieren oder zu tilgen, bieten der Werbung einen wachsenden Nährboden für immer verzweigtere Zielgruppenansprachen und vor allem für immer neue Verstehensangebote und Komplizenschaften.

Diskurse, die sich stark verzweigen und dabei Grenzen zwischen Untergruppen und Subkulturen deutlich werden lassen, bieten Werbung beste Voraussetzung für genau austariertes Zielgruppenmarketing. Und wenn die Standpunkte auch noch konfliktträchtig und emotional stark aufgeladen sind – umso besser.

Niemand sollte glauben, dass eine Werbung wie die mit der promisken Lolita, die *BMW* in den USA für seine Gebrauchtwagen lancierte, den Verantwortlichen einfach so passiert: Dargestellt wird in dieser aufschlussreichen Annonce ein – auch für die Verhältnisse gängiger Werbeästhetik – auffallend junges Mädchen. Diese Blondine mit wallendem Haar blickt den Betrachter direkt an, den Mund halb geöffnet. Das junge Model liegt auf dem Rücken. Was der Bildausschnitt darüber hinaus von ihrem Körper zeigt – Hände, Schultern, Hals, Dekolleté –, ist unbekleidet. Ganz unverblümt wird hier das Modell »Lolita« in seiner modernen Variante nach dem Vorbild des Films *American Beauty* und dessen Plakat zitiert. Der Text zum Bild lautet: »You know you're not the first. **But do you really care?**« Unten rechts verrät dann das *BMW*-Logo mit dem Zusatz »BMW Premium Selection. Used Cars« den Absender der Werbebotschaft.[36]

Auch interpretatorisch eher unbegabten Männern drängen sich die behaupteten Äquivalenzen zwischen einem Premium-Gebrauchtwagen und einem weiblichen Objekt der Begierde, die dieser Werbetext konstruiert, geradezu auf.

Im Großen und Ganzen werden also die semantischen Implikationen, die sich aus einer solchen Werbung, ihrer gewählten Darstellung, ihren Bild-Text-Relationen ergeben, Agentur und Marketingmanagern sehr wohl bewusst gewesen sein. Und natürlich wird auch denjenigen Typen, die auf diese Werbung »abfahren«, klar sein, welches Image sie sich damit einhandeln. Aber genau diesen Typ Mann will man ja mit der Werbung auch erreichen: Hinter der Annonce steht ganz klar das Verbrüderungsangebot; »Junge, wir verstehen uns! Sollen doch Weicheier und Feministinnen aufjaulen. Das juckt uns doch nicht!«

Ob es einem nun gefällt oder nicht – eine solche Werbung hat ihre Zielgruppe sehr wohl verstanden. Und sofern es um die Frage geht, ob Werbung unsere Wunschkonstruktionen und die Form unserer Wunscherfüllungsfantasien womöglich einfach nur spiegelt, kann angesichts solcher Beispiele zweierlei als sicher angenommen werden. Zum Ersten spiegelt Werbung zwar nicht unsere Konstruktionen von Wünschen und unsere entsprechenden Selbst- und Weltbilder. Sie tut das aber offenbar durchaus im Hinblick auf bestimmte Teilgruppen der Gesellschaft, und zwar immer dann, wenn zielgruppenspezifische Werbung so adäquat ist, dass die Zielgruppe sich offenbar verstanden fühlt und durch Kauf signalisiert, den Werbeversprechungen nicht nur glauben zu wollen, sondern auch, sich mit dem Gebrauch der Marke zu signifizieren und sozial zu kommunizieren, was als ideologisches Modell an der Marke dranhängt.

Zum Zweiten sagt aber Werbung immer auch aus, was sie glaubt, dass auf dem Felde der Wünsche, der Konstruktionen von Identität und gutem Leben bei den Zielgruppen der Fall sei. Werbung sagt uns, was sie glaubt, wie wir ticken.

Diskurse sind für Werbung dabei nicht nur wertvolle Ressourcen, sondern auch potenziell gefährlich. Diskurse einfach zu ignorieren oder lediglich oberflächlich zu betrachten, kann auch ins Auge gehen. Die scheinbar ewige Werbeweisheit »Sex sells« trifft jedenfalls nicht bedingungslos zu und kann bei unreflektierter Anwendung bei einer wachsenden Zahl von Zielgruppen zu ernsthaften Verstimmungen führen.

Gleiches gilt für die verzweifelte Notlösung, wie sie die immer wieder anzutreffende »Wir haben verstanden«-Werbung darstellt. Mitten hinein in einen noch brodelnden Diskurs gesendet, kann eine solche anbiedernde und oberflächliche Äußerung des Verstanden-Habens – nicht selten mit ebenso unglaubwürdigen Demutsgesten garniert – dafür sorgen, den Diskurs weiter wachzuhalten und das Feuer weiter zu schüren.

Zu einfach sollte es sich eine Werbemarke jedenfalls nicht machen. Dass Marken Skandale größeren Ausmaßes überleben, hat jedenfalls aus meiner Sicht nichts mit der Wirkung völlig unglaubwürdiger Kampagnen zu tun, die sich noch nicht einmal Mühe geben, breiteren Gruppen gegenüber irgendeine erkennbare Strategie eines ernsthafteren Verstehens anzubieten, sondern schlicht mit der verbliebenen Marktstellung und der sich notwendig mittelfristig einstellenden erlahmten Aufmerksamkeit einer Öffentlichkeit, die mit der Verarbeitung von sich immer schneller abwechselnden absurden Skandalen strapaziert ist.

Mangelndes Verstehen äußert sich aber auch bei allen, die glauben, auf den Zug eines lediglich oberflächlich betrachteten Diskurses aufspringen zu müssen, ohne auch nur irgendein Signal dafür geben zu können, dass sie die entsprechenden Zielgruppen wirklich verstehen können. Jedenfalls pokern all die Würstel-Fürsten, die derzeit mit vegetarischen oder gar veganen Gerichten in die Werbung und auf den Markt drängen, durchaus hoch und riskieren es, ihren Markenkern zu beschädigen.

Sollte das Spiel aber aufgehen, wäre dies wieder ein schöner Beleg für die Indikatorfunktion von Werbung: Dann nämlich wären daraus interessante Erkenntnisse für die Mentalität der Zielgruppen und den kulturellen Wandel zu gewinnen.

## Wenn schon Versprechungen, dann richtig!

Es ist eben nicht so sehr die Betrachtung einzelner Werbeanzeigen, Spots, Kampagnen und Werbemarken, die eine Annäherung an das Phänomen Werbung erlaubt. Werbung sollte in ihrem Zusammenhang betrachtet werden. Eine Werbemarke steht nie allein. Sie ist nur denkbar und formt sich im Kontext und in

Wechselwirkung mit all den anderen Werbemarken und ihren Äußerungen.

Nicht zuletzt deshalb ist es für alle bedrohlich, wenn die Werbeversprechungen einer großen Marke platzen wie Seifenblasen. Der Abgasskandal von *VW* ist ein Schauspiel, das nicht nur die Markenchefs von Automarken mit Schaudern verfolgen. Die Hektik, mit der *VW* seine alten Kampagnen begraben und sogar seinen stolzen, generischen Claim »Das Auto« gekillt hat, ist bemerkenswert. Mit der gleichen Vehemenz, mit der man falsche Versprechen werbend in den Markt gedrückt hat, will man nun, da die Lüge entlarvt ist, die Erinnerung an diese Versprechungen tilgen. Unter dem schönen Namen »Old wives tales« hatte *VW* eine Werbespotreihe für seine Diesel laufen, in der drei alte Damen erfahren, wie dynamisch, leise und vor allem sauber diese Fahrzeuge sind. In einem Spot hält eine der alten Damen am Ende ihren weißen Schal vor den Auspuff des *VW* Diesel – und dieser bleibt blütenrein. *VW* hat den Spot im Zuge des Skandals um die Fälschung der Abgaswerte von YouTube gelöscht. Aber das Internet vergisst nichts – im Gegensatz zu vielen Verbrauchern – und man kann diesen und ähnliche Spots nach einigem Suchen immer noch als gelungenes Beispiel dafür finden, wie ein Marken-Owner seine Werbeversprechungen *und* sein Markenversprechen auf einmal in die Tonne treten kann.

Psychologie und Philosophie zeigen, dass die Lust, die uns die Rezeption einer Illusion bereitet, entschieden mit dem Wissen zusammenhängt, dass es sich bei dem Dargebotenen eben um Illusion handelt. Magie macht nur Spaß, solange wir nicht an sie glauben. Das hat aber weitreichende Folgen für die Werbung: Markenversprechen müssen glaubwürdig sein, sonst wird die Marke beschädigt – manchmal sogar irreparabel. Werbeversprechungen dagegen dürfen nicht glaubwürdig sein, sie müssen deutlich im Illusionstisch-Magischen verbleiben. Anderenfalls drohen zwei ernsthafte Gefährdungen: Entweder verlieren die Rezipienten den Spaß an den entsprechenden Werbetexten, finden die Werbung schlecht gemacht, vermissen das Theatralische, Überzogene, Überbordende, das letztlich das Vergnügen an den inszenierten illusionistischen Versprechungen ausmacht. Oder sie beginnen, zu glauben. So paradox es klingen mag: Wenn Werbung es schafft, Versprechungen glaubwürdig zu kommunizieren, hat sie schon verloren. Mit denjenigen, die Werbeversprechungen ernst nehmen, ist nicht zu spaßen. Sie führen Klage, wie die enttäuschten *Red-Bull*-Konsumenten in den USA. Diejenigen, die sich die Illusion zu eigen machen und ihr glauben, können zu erbitterten Gegnern werden, wenn der Schwindel auffliegt. Wo Werbung, wie bei *VW* teilweise geschehen, Versprechungen so inszeniert, dass sie als Versprechen wahrgenommen werden, die sich dann als Lügen entpuppen, ist der Schaden angerichtet. Ein schmaler, gefährlicher Grat.

Noch einmal zur Klarstellung: Werbung kann auch ohne Werbeversprechungen auskommen und im Prinzip das Markenversprechen in ihren Werbetexten reproduzieren. Sie dient dann in erster Linie der Bekanntmachung des Markenversprechens.

In diesem Sinne argumentierte Jean-Paul Agon, Vorstandsvorsitzender von *L'Oréal*, in einem *Zeit*-Interview 2016: »Werbung dient vor allem dazu, ein Produkt bekannt zu machen. Danach muss es überzeugen. Letztlich entscheiden die Verbraucher, ob ein Produkt gut oder schlecht ist. Ein enttäuschter Konsument wird es kein zweites Mal kaufen.«[37]

Was Agon hier behauptet, ist nichts anderes, als dass *L'Oréal* – mit übrigens etwa fünf Milliarden Euro pro Jahr – nichts anderes tue, als das Markenversprechen bekannt zu machen. Schaut man sich aber die *L'Oréal*-Werbung – und insgesamt die Werbeversprechungen der Kosmetikbranche – an, dann wird schnell klar, dass hier weit mehr geschieht als das. Kosmetikwerbung definiert permanent und notwendigerweise mit wechselnden Akzenten das, was kulturell als schön gelten soll, und kombiniert die entworfenen ästhetischen Modelle mit der Versprechung, diese Schönheit für jede Frau verfügbar machen zu können. Hyperbolik gehört hier zum Geschäft: Unglaubliche Effekte treten ein, das Altern wird verhindert, der Natur wird ein Schnippchen geschlagen – reine Magie. Kluge Frauen geben dabei gerne zu, dass der Wert der Kosmetikkonsumtion für sie in dem Spaß am Spiel mit und auf diesem Illusionstheater besteht.

Ein CEO wie Agon oder der CCO einer bedeutenden Werbemarke wird in der Regel öffentlich nicht zugeben, dass man auf die Strategie der Werbeversprechungen setzt. Über das Illusionstheater der Werbeversprechungen spricht man nicht, genauso wenig wie ein Zauberer dem Publikum seine Tricks offenbaren wird. Wie gesagt: Magie macht nur Spaß, wenn ihr Realitätsstatus tabu bleibt.

Wenn man sich aber für diese Strategie einmal entschieden hat, sollte man auch sehr genau auf die Einhaltung der entsprechenden Regeln achten und für höchste Qualität sorgen. Denn nichts ist so lächerlich und peinlich wie ein Zaubertrick, der so dilettantisch vorgetragen wird, dass man die Prinzipien seiner Herstellung auf offener Bühne durchschauen kann.

Und es wird in Zukunft für die Marken-Owner immer wichtiger werden, die Relation zwischen Markenversprechen und Werbeversprechungen ganz genau im Auge zu behalten und auszutarieren. Ebenso wichtig wird es sein, die entsprechenden

Strategien und Metaphoriken unter die Lupe zu nehmen und mittelfristig eher den robusteren Lösungen der Spiegelung und der fokussierten Hyperbolik den Vorzug zu geben. Als Faustregel kann dabei gelten: Je erwachsener, reifer, informierter, rationaler die Zielgruppe, desto vorsichtiger sollte man mit Steigerung, Transformation und Substitution umgehen.

Die Kunst aller Werbestrategien besteht darin, sich nicht zur falschen Zeit in die falschen Diskurse einzumischen. Komplizenschaft birgt immer auch das Risiko, mit einer sozialen Gruppe identifiziert zu werden, deren Statusaktien rapide im Fallen begriffen sind, und Konflikte mit anderen, wichtigen Diskursparteien zu riskieren, die ebenfalls für die eigene Marke relevant sind. Sozialer Konsens hinsichtlich der Grenzen, die das richtige Leben vom falschen scheiden, kann sich ändern – ebenso übrigens wie ästhetische Modelle. Werbeversprechungen können immer auch eine Gefahr für das Markenversprechen darstellen. Agon hat recht, wenn er betont, dass die Leistung des Produktes in jedem Falle stimmen muss. Die Werbeversprechungen treiben also unter Umständen das Markenversprechen vor sich her und zwingen das Angebot in immer höhere Leistungszonen. Ob man das durchhalten kann und will, sollte man sich genau überlegen, bevor man sich für die Strategie aggressiver Werbung mit Versprechungen entscheidet. Ein Ausweg aus diesem Dilemma liegt in der Substitutionstaktik: In diesem Falle gibt es im Grunde nur noch die Werbeversprechungen, das Produkt selbst ist Nebensache. Entscheidet sich der Marken-Owner für diese Variante, dann sollte ihm auch klar sein, dass seine Marke über ihre gesamte Lebensdauer am Tropf des Werbeetats und der Kreativleistung der Agenturen hängen wird.

# Die Zukunft der Marken in der digitalen Kultur

Paradoxerweise scheint es bei zunehmender medialer Vernetzung immer schwieriger zu werden, uns über Realität zu verständigen. Es ist schwieriger geworden, die Kommunikation unserer Gesellschaft zu verstehen, und die Regeln, nach denen Diskurse funktionieren, können nicht mehr als selbstverständlich vorausgesetzt werden.

Wir erleben derzeit eine Krise des Vertrauens in etablierte Institutionen und ihre Kommunikationen, die besonders im politischen Sektor nicht mehr zu übersehen ist. Der Vertrauensschwund betrifft aber parallel auch Unternehmen, Marken und deren Kommunikationen: Der *VW*-Skandal und der damit ausgelöste kritische Blick auf die »Verbraucherinformation« der gesamten Branche wirkten wie das Öffnen einer Schleuse.

## Das Vertrauen in die Marken-Owner schwindet

Hinsichtlich der Produktqualität erwiesenermaßen gebrochene Markenversprechen, grobe Täuschungsversuche durch Mogelpackungen und Falschinformationen, versteckte Preiserhöhungen, Verletzung von Sozialstandards und Menschenrechten, um nur einige Punkte zu nennen, scheinen gerade bei den »Großen« an der Tagesordnung zu sein.

Wenn mittlerweile selbst die *WirtschaftsWoche* unter der Überschrift »Es reicht! Werbung hat uns genug belogen«[38] einen Artikel veröffentlicht, ist das eines unter vielen Indizien dazu. Namentlich genannt werden dort unter anderem *VW*, *Audi*, *Nivea* mit *Beiersdorf*, *Innogy*, *Ariel* mit *Procter & Gamble*. Eine Zwischenüberschrift lautet:»Je größer die Marke, desto größer die Lüge«.

All das führt zur Erosion eines Glaubenssatzes, der bis dato fest mit dem Mythos Marke verbunden war: Marke und Qualität implizieren sich wechselseitig. Anders können Marken gar nicht groß werden und überleben.

Eigentlich könnte es langsam auch den Experten dämmern, dass wir uns, was öffentliche Kommunikation und Diskurse angeht, mitten in einem gigantischen sozialen Experiment befinden, dessen Ausgang und Effekte nicht annähernd vorherzusehen sind. Die Situation ist so neu und mit so vielen unbekannten Variablen versehen, dass sie in ihrer Komplexität schon aus rein theoretischen Gründen nicht ad hoc verstanden werden kann. Umso erstaunlicher, dass in kürzesten Abständen neue Methoden vorgestellt, Thesen vertreten und Lösungen angeboten werden, die alle im Gewand der Gewissheit vor uns hingestellt werden: Social Media, Storytelling, Content-Marketing, Dialog-Marketing, Big Data, Multi-Chanel-Marketing, Cross-Media-Marketing, Programmatic Advertising, Native Advertisement – das alles und vieles mehr macht die Runde. Wollte man ein stets aktuelles Handbuch der Marketingmethoden herausgeben, müsste man jede Woche eine Neuauflage publizieren.

Wie groß die Unsicherheit bei den Unternehmen und Marken-Ownern ist, kann man gut daran erkennen, dass und wie hektisch in den letzten Jahren gerade auch bei bekannten Werbemarken umgesteuert und dann auch wieder zurückgerudert wird.

Die Welt der digitalen Medien, insbesondere Social Media, versetzt die Marken-Owner in helle Aufregung: Einigkeit herrscht darüber, dass man dieses Feld der Kommunikation auf jeden Fall bespielen muss. Wer nicht mitzieht, wird scheitern, lautet ein allgemein akzeptiertes Axiom.

Weit vorgewagt hat sich vor einigen Jahren *Pepsi*: Mit dem eigens für die sozialen Medien entworfenen »Pepsi Refresh-Project« wollte der Getränkekonzern seinen Fokus auf die neuen Kommunikationskanäle legen. Zweistellige Millionenbeträge, die ansonsten auf klassische Werbung im Umfeld des Superbowl entfielen, wurden in Social-Media-Aktivitäten umgelenkt. *Pepsi* schrieb eine Art Wettbewerb auf Plattformen wie *Facebook* aus, Ideen für soziale Initiativen wurden dort diskutiert, bewertet und gefördert. Mit durchaus beachtlicher Aufmerksamkeit und vielen Followern. Dennoch verlor *Pepsi* im Jahr danach Marktanteile im Prozentbereich und im Wert von geschätzt über 400 Millionen Dollar. Aufmerksamkeit und Mitmacheffekte wurden von den Kunden offenbar nicht auf die Marke und das entsprechende Kaufverhalten übertragen.

Die *Pepsi*-Story gilt weithin als Beweis dafür, dass von einem Dialog mit den Kunden zu Themen, die nicht unmittelbar mit der Marke zu tun haben, kein Weg zur Absatzsteigerung führt. Abgeschreckt von diesem Beispiel wird sich so schnell wohl keine andere große Marke auf diesem Gebiet so weit vorwagen. Vor allem aber wird niemand einem solchen Experiment genug Zeit geben, um die sich mittelfristig einstellenden Auswirkungen beobachten zu können. Und deshalb werden wir in näherer Zukunft auch nicht erfahren, ob an der Idee hinter dem Refresh Project nicht vielleicht doch etwas dran war.

Ein adäquates Verständnis der digitalen Medien haben die Werbetreibenden immer noch nicht gefunden. Die Vorstellung, dass es sich bei Internet und Social Media nicht mehr um »ihr« Medium handelt, sondern um eines, das potenziell allen gehört und von allen bespielt werden kann, scheint ihnen weiterhin fremd. Anders ausgedrückt: Die Digitalisierung der Kommunikation skaliert Gespräche in großem Maßstab und eröffnet den Diskursen neue Räume und Regeln. Derzeit sind wir alle noch am Experimentieren und üben den Umgang mit diesen neuen Optionen. Nur eines ist klar: Man kann dieses neue Spiel nicht nach den Regeln des alten und wohlbekannten Spiels spielen. Marken-Owner müssen sich von der Mentalität und den Annahmen aus der Welt der Sender- und Beschallungsmedien verabschieden.

## Marken in der digitalen Kultur

Bei allen Unwägbarkeiten, die die Kommunikation in und mit den neuen Medien mit sich bringt, lassen sich doch einige Tendenzen aufzeigen, aus denen alle Beteiligten ihre Schlüsse ziehen können.

- Die Verbraucher als Rezipienten gewinnen durch die Digitalisierung der Medien deutlich an Autonomie und werden damit für die Marken-Owner noch schwerer ansprechbar.

  Eine weniger diskutierte Auswirkung der Digitalisierung auf die »alten« Medien ist, dass ihr Handling durch digitale

Technologien erheblich verändert wird – und zwar mit dem Effekt einer deutlichen Ausweitung der Autonomie des Nutzers. Digitale TV-Receiver und -Rekorder, MP3-Player, E-Book-Reader, E-Paper gewähren allesamt die Möglichkeit, quasi mühelos Inhalte auszuwählen, zu bearbeiten, zu archivieren, zu kombinieren, der Nutzer kann Ort und Zeitpunkt seiner Rezeption selbst bestimmen, was früher undenkbar war. Dazu gehört auch die Option, alles umstandslos auszublenden, was stört. In den vergangenen Jahren wurden auf deutschen TV-Sendern zwischen 3,6 und knapp unter vier Millionen Werbespots jährlich gesendet. Das Dilemma, das sich dabei abzeichnet: Es müssen so viele sein, um überhaupt die Chance zu haben, unter diesen Bedingungen noch einen Treffer zu landen. Andererseits löst jedes Mehr an »Beschuss« weitere Fluchtreaktionen der immer scheuer werdenden Rehe in den *target groups* aus. Mit anderen Worten: Wie überall in steigerungslogisch operierenden Systemen stellt sich auch hier das Problem der abnehmenden Grenznutzen bei steigendem Aufwand und damit auch steigenden Kosten.

Adblocking und das Ignorieren von Werbung werden dem Verbraucher mit immer neuen Anwendungen leichter gemacht. Solange Werbung traditionell operiert und auf diese Tatsache mit dem Prinzip »Mehr von demselben« reagiert, muss sie ihre Anstrengungen erheblich steigern, um die gleichen Effekte zu erzielen wie in den guten alten analogen Medienzeiten. Wir wohnen einem Hase-und-Igel-Spiel zwischen Werbetreibenden und Rezipienten bei, allerdings unter umgekehrten Vorzeichen: Der Konsument ist immer schon weg, wenn der Marken-Owner ins Ziel und über es hinausschießt.

Ein weiterer Grund für den notwendig steigenden Aufwand für Marken-Owner beim Festhalten an den gewohnten Denkweisen: Die neuen Medien vervielfältigen und vervielfachen die Channels. Das Internet bildet zum einen alle bereits vorhandenen Medien ab und verdoppelt sie damit – angefangen von Fernsehsendungen über Bücher bis hin zur Tageszeitung. Zum anderen beheimatet es in der ein oder anderen Form eine Unmenge an Foren, Plattformen, Blogs, die von ihren Nutzern und Besuchern wiederum wie ein je eigenes Medium wahrgenommen werden. Durch *Facebook*, das für viele Nutzer nahezu identisch mit *dem* Internet geworden ist, bildet sich das World Wide Web scheinbar wiederum in sich selbst ab.

In diesem neuen medialen Atopia kann der Verbraucher überall und nirgends anzutreffen sein. Also muss der Owner einer klassischen Werbemarke seinerseits versuchen, an möglichst vielen Stellen gleichzeitig aufzutauchen. Der Aufwand wird größer, man braucht mehr Berater, mehr spezialisierte Agenturen. Noch mehr kosten gescheiterte Experimente und das Switchen zwischen Strategien, im »Viralmarketing« verpuffende oder gar von Zielgruppen als Schleichwerbung enttarnte und als unangemessene Einmischung interpretierte Aktionen.

- Keine wirklich gute Voraussetzung dafür, ernsthaft miteinander ins Gespräch zu kommen. Aber ist *das* Internet wirklich noch der geeignete Ort, um so etwas wie Gespräche zu führen? Das globale Dorf, von dem die frühe Internetgemeinde fabulierte, hat sich als weniger kuschelig erwiesen als erwartet. Und auch als weniger global. Auch im virtuellen globalen Dorf bilden sich Fraktionen. Es gibt unterschiedliche Viertel, deren Bewohner wenig miteinander zu tun haben (wollen). Alte Diskursregeln scheinen in bestimmten Terrains der Netzkultur außer Kraft gesetzt. Im Schatten von Pseudonymen wird unverhohlener, verletzender, aggressiver kommuniziert als von Angesicht zu Angesicht. Glaubwürdigkeit hängt an geteilten Emotionen und weniger an Argumenten. All das müssen wir registrieren.

Qualitativ betrachtet gibt es *das* Internet nicht, sondern gleich mehrere. Dennoch ist es mittlerweile eine eigene Disziplin geworden, generalisierende Aussagen zum Internet zu machen: Experten erzählen ihren Kunden beispielsweise, dass *man* heute im Internet nur noch eine Aufmerksamkeitsspanne von wenigen Sekunden habe. Deshalb müssten alle Botschaften kurz und prägnant designt werden. Logos sollten unbedingt vereinfacht, Farben kräftiger werden. Solche und andere Empfehlungen kann heute jeder hören, der sich einer Webdesign-Agentur bedient. Jede dieser Behauptungen ist angeblich wissenschaftlich abgesichert, alles wurde gemessen. Doch im Netz nutzen einfach zu viele unterschiedliche Menschen unterschiedliche Kommunikationsmöglichkeiten auf unterschiedliche Art und Weise, um noch davon sprechen zu können, es gebe dort eindeutig-einseitige und allgemeine Trends. Die sind bestenfalls statistischer, aber nicht umfassender Natur.

Nehmen wir das Thema Aufmerksamkeitsspanne und damit gebotene Kürze und Prägnanz. Selbstverständlich lässt sich beobachten, dass die Nutzer in ihrer Wahrnehmung messbar schneller geworden sind. Nicht nur sind die Reaktionszeiten der jüngeren Generationen kürzer, auch die *digital immigrants* haben ihr Training absolviert und neue Fähigkeiten erworben. Somit lässt sich beobachten, dass fast alle Nutzer heute nicht sehr lange brauchen, um etwas wegzuklicken, das sie nicht interessiert. Die entscheidenden Fragen sind aber die: Wie unterscheiden sie das für sie Interessante vom Uninteressanten und wie gehen sie mit dem um, was sie interessiert?

Auffallend ist zum Beispiel, dass sich Blogbeiträge und Artikel in Online-Medien von beträchtlicher Länge häufen – und in allen Generationen ihre Leser finden. Neben den Kommentarseiten, in denen sich Netzbewohner ihre unausgegorenen Meinungen um die Ohren hauen, finden sich Foren, in denen Menschen ernsthaft und empathisch aufeinander eingehen, sich gegenseitig Rat und Hilfe geben, Erfahrungen und Wissen austauschen. Auf denselben Kanälen, auf denen sich mehr oder weniger anspruchsvolle Unterhaltungsvideos tummeln, finden sich Aufnahmen von Interviews, wissenschaftlichen Vorträgen, spannenden Diskussionen und didaktisch gut aufbereitetes Material aus unterschiedlichsten Wissensgebieten. Und auch in dieser Sparte werden Beiträge zuweilen so populär, dass sie millionenfach rezipiert werden.

Welches ist nun also das »richtige« Internet? Ist es dasjenige, das von den Marktforschern vermessen wird und von dem sie uns dann erklären, es sei ein Medium der sprunghaften Aufmerksamkeit, des flüchtigen Interesses und der hektischen Suche nach Kicks? Oder ist es doch das Medium, das das *Cluetrain Manifesto* Ende des 20. Jahrhunderts sich bilden sah: ein Medium des Wissens- und Erfahrungsaustauschs, der Diskurse und Gespräche?

Das Internet ist unzweifelhaft ein Spiegel der sozialen Realität. Und wie diese entsteht es erst durch unsere Art der Beobachtung. Marken-Owner, die senderorientiert denken und habituell der Logik der Werbemarken folgen, nehmen ein anderes Internet wahr als Marken-Owner, denen bewusst ist, dass ihre Marke durch Konsumentendiskurse mitgestaltet und von ihnen stark gemacht wurde.

Das Internet gibt die Kommunikationsstrategie nicht vor: Es sind die Marken-Owner mit ihren mentalen Konstruktionen, Verhaltensstereotypen und Identitäten, die den Kurs vorbestimmen. Je nachdem, ob eine Marke nicht an Gesprächen interessiert ist oder ob sie sich im Gegenteil über den Dialog definiert, wird auch die Sicht auf das Internet, seine Nutzung und seine digitale Kommunikationsstrategie anders ausfallen.

- Digitalisierung erweitert den Raum für Gespräche und Diskurse der Verbraucher. Der Markendiskurs ist wie in der analogen Welt dezentral, ein weitverzweigter Strom von Gesprächen zu unterschiedlichen Anlässen mit unterschiedlichen Schwerpunkten, Teilnehmern, Stilen.

Häufig entspinnen sich Subdiskurse über Marken in themenbezogenen Foren. Wie stark eine Diskursmarke ist, zeigt sich dort mit schöner Regelmäßigkeit immer dann, wenn jemand an einem Markenprodukt etwas auszusetzen hat und damit eine Flut von Gegenreaktionen auslöst, die Produkt und Marke verteidigen.

Shopping-Plattformen wie *Amazon*, *Otto* und ähnliche verwandeln mit ihren Kundenbewertungen den virtuellen Marktplatz in einen Diskursmarkt, wo Kunden sich gegenseitig beraten, wie es auf Marktplätzen, auf denen sich physisch Anwesende begegnen, selten der Fall ist. Auf diesen Plattformen ist dann für alle sofort erkennbar, wie das Produkt im Kurs steht und wie viele zur aktuellen Tendenz beitragen. Dabei werden nicht nur diejenigen Merkmale sichtbar, die viele mit einer entsprechenden Marke verknüpfen – also der Prozess der semantischen Aufladung einer Marke –, sondern hinter diesen Merkmalen werden auch die Kriterien deutlich, die für Kunden wichtig sind. Mit den digitalen Medien gewinnen Diskursbeiträge zu Marken eine Öffentlichkeit und eine mediale Dauerpräsenz, die ihnen vorher nicht vergönnt war.

Kaum ein Phänomen ist besser geeignet zu illustrieren, dass es tatsächlich die Kunden sind, die Marken machen, wie die Wiederbelebung eines Produktes in der bekannten Form aufgrund von Kundenprotesten oder Kundenwünschen. Kunden gründen *Facebook*-Gruppen, wenn *IKEA* ein beliebtes Produkt wie *Expedit* aus dem Programm nimmt. *Tautropfen* lenkte ein und brachte sein Rosenwasser-Kosmetikprodukt wieder auf den Markt, und zwar mit den Merkmalen, die den Kundinnen wichtig waren: ohne Alkohol und Konservierungsstoffe.

Marken leben im Diskurs sogar noch weiter, wenn der Produzent sie hat sterben lassen. Diskursmarken können unter dieser Voraussetzung wieder auferstehen: Der legendäre *DeLorean* aus dem Film *Zurück in die Zukunft* soll ab 2017 wieder gebaut werden. Motorroller von *Schwalbe* sind wieder zu haben. Gerade die Wiederbelebung vieler ehemaliger DDR-Marken verdankt sich dem Umstand, dass sie erst durch ihr faktisches oder scheinbares Verschwinden zu starken Diskursmarken geworden waren. Sieht man sich die Argumente der Kunden für die Forderung nach einem Relaunch solcher Marken an, dann findet man darin den Verweis auf Segmente aller Ebenen der Diskurspyramide: Mal sind es ideale Maße wie bei den *IKEA*-Regalen, mal ist es die Zusammensetzung wie beim Rosenwasser, mal das spezielle Design wie beim *DeLorean*, mal geht es primär um Nostalgie und Emotionen.

## Die größte Marketingagentur der Welt

Mit der Digitalisierung gewinnt der Markendiskurs der Verbraucher einen deutlich höheren Grad von Öffentlichkeit. Er findet zwar weiterhin zwischen Anwesenden statt, aber nun gleichzeitig auch medial in Foren und Gruppen, in Chats und Kommentaren, in Blogs und nicht zuletzt auf Einkaufsplattformen. Aufgrund der multimedialen Möglichkeiten der Plattformen kann dieser Diskurs auf unterschiedlichen Ebenen parallel ablaufen: In Text und Bild können sich Gesprächsteilnehmer eher deskriptiv und argumentativ über Merkmale der Produkte austauschen, sie können aber – vornehmlich über Bilder und Filme – sich mit ihren Lieblingsmarken inszenieren. Dabei stellen sie »ihre« Marken zwangsläufig in einen Kontext, aus dem auf ästhetische Modelle, Lebensstile und Haltungen geschlossen werden kann.

All diese Beiträge schaffen Ordnungen: Durch Vergleiche in Beschreibungen und Kombinatorik in bildhaften Kontexten werden Marken als miteinander vereinbar oder sich ausschließend behandelt. Marken und Lebensstile werden in Beziehung gesetzt.

Auch hier findet im Grunde wieder eine verdoppelnde Spiegelung statt: Die Bilder in den sozialen Medien sind das Pendant zur Präsentation des eigenen Stils und der auserwählten Markenaccessoires im Alltagsleben. Ihr Charakter als Botschaft an die anderen ist dabei insofern noch gesteigert, als die Inszenierung sorgfältiger ist und die Sender deutlich mehr Kontrolle über ihre Äußerungen besitzen: Bevor ein Bild gepostet wird, kann es nach

Wunsch ausgewählt und manipuliert werden. Vergleiche mit anderen lassen sich dabei in beliebig großen Maßstäben ziehen: Man hat die Wahl, sich auf die Freundeskreise in seinen Chat-Foren zu beschränken oder seine Äußerung auf *Instagram*, *Pinterest* und anderswo global öffentlich zu machen.

Weil das viele tun und immer wieder tun, lassen sich daraus Muster der Verknüpfung erkennen und semantische Strukturen der Bedeutungszuschreibung erschließen. Markendiskurse sind damit Teil eines Kommunikationssystems, mit dem wir uns gegenseitig soziale Orientierung liefern. Die Erfahrungen, die dabei ausgetauscht werden, sind damit nicht nur handfest-praktischer Natur, sondern mindestens ebenso sehr ästhetischer und emotionaler Art: Wie fühlt es sich an, ein Produkt dieser Marke zu besitzen, zu nutzen, sich mit ihm zu umgeben? Zu welchem Situationstyp passt es? Was trägt es zu einer erwünschten Selbstaussage bei: Seht her, daran kannst du erkennen, wer »ich« bin! Und damit logischerweise auch: zu welcher Gruppe ich gehöre und zu welcher definitiv nicht!

Unfassbar, wie viel Arbeit zusammengenommen hinter all diesen Kommunikationen steht! Beständige Beobachtung der Konsumwelt und der Sozialwelt. Einholen und Verarbeiten einer Fülle von Informationen über Marken, Produkte und ihre semantischen Optionen. Das Treffen von (Kauf-)Entscheidungen. Erprobung im Alltag, Sammeln von Erfahrungen, Austausch dieser Erfahrungen. Das Entwickeln von Stil(en). Revision. Kombinatorik. Und schließlich Weitergabe: Gespräche führen, Geschichten erzählen. Und nicht zuletzt: Inszenierung, Auswahl und Veröffentlichung entsprechender bildlicher Äußerungen.

Das Internet empowert diese Leistung nicht nur, es macht sie zum ersten Mal allgemein sichtbar: Hier arbeitet die größte Marketingagentur der Welt! Diese Mega-Agentur verfügt über einen unübersehbaren Fundus an absoluten Experten und Spezialisten aus allen Sparten, die sich kein Unternehmen je leisten könnte: Myriaden von Testern erproben die Produkte unter alltäglich-realistischen Bedingungen und informieren die Öffentlichkeit darüber. Sie drehen Videos mit Reparaturanleitungen. Sie entwickeln »Hacks« und finden Zusatzfunktionen, die in keiner Bedienungsanleitung zu finden sind. Als ernsthaft interessierte Fachleute für Qualitätssicherung spüren sie Schwachstellen auf und machen Verbesserungsvorschläge. Vor allem aber finden sie heraus, welche Merkmale die Marke auszeichnen und besonders machen. Und mit jedem zusätzlichen Post, jedem Kommentar, jeder Kundenbewertung, jedem Blogbeitrag, jeder Empfehlung und jedem Abraten wächst der Einfluss der globalen Diskursmarkenagentur ein klein wenig weiter.

Diese gegenseitige Beratung findet nun im Netz, aber öffentlich statt – durch Unternehmen und Marken-Owner beobachtbar. Alle Kunden also, die sich über Produkte und Marken gegenseitig beraten, beraten potenziell die Marken-Owner mit. Sie stellen der Wirtschaft eine Unmenge relevanten Wissens zur Verfügung. Der Ökonom Ernst Mohr hat unter dem Begriff »Punkökonomie« das spannende Phänomen beschrieben, wie an den Rändern der Kultur Stile und ästhetische Modelle entstehen, derer sich die Wirtschaft – als Gratisressource – bedient, um neue Marken, Produkte und Moden zu lancieren.[39]

An die Stelle des blinden Markenglaubens tritt mehr und mehr ein Vertrauensbildungsprozess, an dem der Marken-Owner sich mit den Mitteln der Werbekommunikation nicht mehr beteiligen kann. Das Markenvertrauen wird diskursiv hergestellt und unterliegt im Diskurs einem permanenten Test.

Beeinflussen kann ihn der Marken-Owner nur dadurch, dass er den Konsumenten Erfahrungen ermöglicht, die ein solches Vertrauen rechtfertigen und kommunizierbar machen. Insofern ist es kein Zufall, dass in der Liste der *most trusted brands*, die der erwähnte Beitrag der *WiWo* mitliefert, die Drogeriemarktketten *dm* und *Rossmann* die beiden ersten Plätze belegen. Als Handelsketten sind sie in der privilegierten Position, viele Kunden in hoher Frequenz ihre Markenversprechen erleben zu lassen – und sie nehmen diese Chance wahr. Die Überlegung, die sich hieraus für jeden Marken-Owner ergibt, lautet: Was kann ich tun, um meine Kunden die Authentizität meines Markenversprechens wieder und wieder erleben zu lassen?

## Marken der Zukunft sind Diskursmarken

Die Vorstellung von der *größten Marketingagentur der Welt* hat aus Sicht der Marken-Owner verständlicherweise ihre Tücken und Schrecken: Als unbeauftragt, unbeaufsichtigt, selbstorganisierend und chaotisch ist zwar die Logik ihres Funktionierens und ihrer Kommunikationen beschreibbar, aber die Ergebnisse ihrer Operationen sind nicht vorhersagbar.

Sie kann neue Marken im Diskurs erschaffen. Sie kann bestehende Marken noch erfolgreicher machen. Sie kann bestehende Marken modifizieren und den Marken-Owner zwingen, sich den vom Konsumentendiskurs geschaffenen Semantiken anzupassen. Sie kann aber Marken auch fallen lassen und zum Verschwinden bringen. Das Schlimmste, was einer Marke passieren kann, ist, von diesem Diskurs ignoriert zu werden.

Der frühere Markendiskurs der Verbraucher verhält sich zum Markendiskurs plus Netz wie der Klang einer Lagerfeuergitarre zum Sound von Motörhead! Die Gespräche der Verbraucher lassen sich auch dann nicht mehr überhören, wenn man sich die Ohren zuhält.

Mit aller Deutlichkeit und Dringlichkeit stellt die neue kulturell-kommunikative Situation die Marken-Owner vor die Entscheidung, sich für einen der zwei nun klar vor ihren Augen erschienenen Pfade zu entscheiden: Will man sich auf den Diskurs der Verbraucher und ihre Gespräche einlassen oder will man versuchen, eine Art von Anbieterdominanz herzustellen, die dialogische Kommunikation überflüssig macht. Und dabei ist klar, dass ein Marken-Owner, der sich für die Gesprächsvariante entscheidet, in seiner Organisation mehr und vielfältigere Kompetenzen brauchen wird als derjenige, der den Dominanzpfad wählt.

Gesprächsmarken brauchen trivialerweise Organisationen, die auch Gesprächskompetenz besitzen. Dazu gehört insbesondere auch die Fähigkeit, mit Bedeutungen umzugehen. Sie werden mit anderen Worten semiotische und semantische Kompetenzen integrieren und weiterentwickeln müssen. Neben der Fähigkeit, Daten zu interpretieren (oder die Interpretation von Daten als solche erkennen und deuten zu können), werden sie lernen müssen, zu verstehen, was andere sagen, und sich über die Bedeutung eigener Aussagen im Klaren zu sein. Sie müssen in der Lage sein, Zeichen zu erkennen und zu deuten. Das wird sie unter anderem auch in die mittelfristig vorteilhafte Lage bringen, Daten eben als das zu behandeln, was sie sind: nämlich Zeichen und nicht Realität.

Wer umweltoffen ist und Gespräche führt, mutet sich auch notwendig mehr und andere Informationen zu als der, der lediglich vordefinierte Parameter misst und die so gewonnenen

Daten zu Gesicht bekommt. Umweltoffene Systeme müssen aus diesem Grund auch mehr entscheiden. Sie müssen dies schneller tun, machen mehr Fehler – lernen dadurch aber auch viel schneller. All dies bevorzugt naturgemäß jüngere, kleinere Unternehmen ohne Organisationsstrukturen, die sich auch mental so verfestigt haben, dass sie kaum mehr Agilität und schnelles Reagieren zulassen. Beides ist aber eine Voraussetzung dafür, auf dem Gesprächspfad erfolgreich sein zu können.

Was man bei solchen Unternehmen in der Markenentwicklung beobachten kann, ist, dass sie gut darin sind, unmittelbar mit Kunden ins Gespräch zu kommen: Sie legen besonderen Wert auf den Service und auf das, was sie dort von ihren Kunden lernen. Sie kommunizieren unaufgeregt und persönlich über die sozialen Medien. Genauso wichtig ist aber, dass sie sozusagen das Ohr an den digitalen Gesprächen der Kunden haben und unmittelbar daraus lernen. Sie lesen Kundenrezensionen und Bewertungen, verfolgen Chats, die mit ihren Produkten zu tun haben. Und sie ziehen Konsequenzen aus dem, was sie dabei verstehen und lernen.

Die Identität ihrer Marken speist sich also aus zwei Quellen: den eigenen Ideen, Antrieben und Vorlieben (wie bei Identitätsmarken üblich) und der Interpretation der geäußerten Erfahrungen und Erlebnisse ihrer Kunden mit ihren Angeboten. Und das soll deutlich hervorgehoben werden: In die Entwicklung der Markenbedeutung geht dann eben nicht ein – wie bei Werbemarken üblich –, was die Konsumenten erleben *sollen*, sondern was sie *tatsächlich* erleben.

Die ganze Diskussion, die derzeit über agile Unternehmen, Scrum-Organisation und verwandte Themen geführt wird, hat deutlich mit diesem Aspekt der Gesprächsfähigkeit und der Umweltoffenheit zu tun (auch wenn er in den entsprechenden Debatten wenig zur Sprache kommt): Es geht dabei wesentlich darum, eine Organisation so zu organisieren, dass sie überhaupt erst in die Lage versetzt wird, auf Gespräche mit Kunden adäquat zu reagieren, ohne unter den Zumutungen des so erworbenen Wissens zusammenzubrechen. Für etablierte Unternehmen ist es mühsamer, solche Modelle umzusetzen. Je größer und etablierter eine Organisation, desto schwieriger wird es für sie sein, einen mentalen Change hinzubekommen. Stattdessen wird man alles versuchen, auch im Neuen die gewohnte Denkweise nicht aufgeben zu müssen.

Solche Wirtschaftsorganisationen führen zwar permanent neue Methoden und Werkzeuge ein und können kurzfristig viele Ressourcen für Umstrukturierungen einsetzen. Allerdings kann man beobachten, dass sie vor allem gut darin sind, Veränderungen und Innovationen zuzulassen, die auf einem ganz bestimmten Pfad liegen. Ihr Veränderungskorridor ist also relativ eng und an die Übereinstimmung mit einer klar definierten Transformationsrationalität gebunden. Mit einem Wandel im Denksystem tun sie sich dagegen schwer.

Märkte sind Gespräche? Aber Gespräche sind zeitaufwendig, unberechenbar, sie brauchen Geduld, Empathie, Offenheit, Flexibilität. Für Dialoge müsste die Kontroll- und Steuerungsillusion aufgegeben werden. Das fällt Managern meist schwer. Die Verheißung von Big Data, dass es möglich sei, auf Gespräche zu verzichten und stattdessen die Äußerungen der Verbraucher in vollautomatisch auswertbare Daten verwandeln zu können, klingt aus einer solchen Sicht schon deutlich besser.

Es mutet durchaus paradox an, wenn Marken-Owner auf der einen Seite auf die Informationen, das Wissen und die Zuwendung, die eine Öffnung für Gespräche mit den Kunden bietet, verzichten – und gleichzeitig weder Mühen noch Kosten scheuen, um durch Beobachtung, Marktforschung und Befragung an solche Informationen über die Verbraucher heranzukommen. Der weitverbreitete Datenfetischismus im Management, gekoppelt mit der kulturell erworbenen Unfähigkeit, Gespräche zu führen und zu organisieren, führt dazu, dass die kostenlose Ressource, die die Verbraucher mit der Veröffentlichung ihrer Gespräche untereinander den Marken-Ownern zur Verfügung stellen, immer noch vielfach links liegen gelassen wird.

Was also werden wir demnächst miterleben können, wenn es um die Entwicklung von Marken und das Verhalten von Marken-Ownern geht? Große Werbemarken und die mit ihnen verbundenen Unternehmen werden weiter existieren und ihre Erfolge haben. Sie werden ihre etablierte Strategie und ihr Denken nicht substanziell ändern, sondern innovative Werkzeuge und Methoden genau danach auswählen, ob sie zu ihrer angestammten Denk- und Operationsweise passen, und so einsetzen, dass sie im Prinzip weitermachen können wie bisher. Es wird sie allerdings immer größere Anstrengungen und Ressourcen kosten, Grenznutzen weiter zu optimieren, und vor allem, ihre Organisationsformen an die aufkeimende digitale Kultur anzupassen. Sie werden nicht mehr in gewohntem Ausmaß wachsen können. Nicht zuletzt deshalb, weil der Kuchen, den es zu verteilen gilt, nicht in dem Maße wachsen kann, wie es die steigerungslogischen Erwartungen der Marken-Owner vorsehen.

Als noch viel wichtiger wird sich erweisen, dass gerade die Digitalisierung es neuen Mitspielern und neuen Konzepten erlaubt, die passenden Marken und die passenden Organisationsformen zu entwickeln, die für die positiven und zukunftsfähigen

Aspekte einer digitalen Kultur stehen, wie sie sich als mögliche Alternative zu dem, was wir bisher erlebt haben, abzuzeichnen beginnt.

Lokale Marken, regionale Marken, Identitätsmarken, die ja häufig als Mischformen auftreten, werden es deutlich leichter haben, im und durch den Diskurs der Konsumenten aufzusteigen und Strahlkraft zu entwickeln. Durch die digitalen Medien, die neuen medialen Optionen der Selbstdarstellung und die neue Öffentlichkeit der Diskurse sind ihnen Mittel an die Hand gegeben, ihre – durch die Werbung der Steigerung nicht zu kopierenden – Stärken auszuspielen. Momentan lässt sich bereits vorausahnen, welche Effekte die Kombination von Face-to-Face-Kommunikation und digitaler Vernetzung für diese Markentypen bringen wird. Eine enge Koppelung von der Kommunikation unter Anwesenden, dem unmittelbaren Erleben einer Marke, dem Marken-Owner und Leistungskontext und der entsprechenden medialen Kommunikation bietet die Chance, schnell und intensiv zu lernen und in allen Kontexten authentisch zu kommunizieren. Die Multiplikatorenpower von zufriedenen Kunden wird immens gesteigert. In dieser Welt sind Testimonials nicht mehr Influencer, die der Marken-Owner gekauft hat, sondern Verbraucher, die die Marke gekauft haben.

Lokale Marken mit starker Identität und großer Nähe zum Kunden können sich zu überregionalen Marken zusammenschließen, als Netzwerkmarken gepflegt und weiterentwickelt werden. Lokale Vernetzung kann den einzelnen Anbietern Marken- und Leistungsmerkmale hinzufügen, die auf alle Mitglieder abstrahlen. Die Dynamik solcher Prozesse lässt sich derzeit etwa am Beispiel *Lokasc* in der Region Siegen beobachten. Umgekehrt können überregionale Marken gerade mithilfe der Digitalisierung fraktalisieren und ihre Markenidentität auf lokale Gegebenheiten herunterbrechen. Marken-Owner, die sich auf Gespräche einlassen, werden dazu völlig neue Möglichkeiten erhalten. Es ist ihre Entscheidung. Denn die Art der Nutzung der digitalen (Kommunikations-)Technologien liegt nicht im Medium selbst begründet, sondern in der Art des Denkens über die Realität: Man kann sie nutzen, um noch weiter auf beobachtende Distanz zu gehen und auf Manipulation zu setzen, man kann sie nutzen, um durch mehr Nähe und Kooperation zum Erfolg zu kommen. Kommunikation ist Verständigung über Realität. Und Verständigung wird auf Dauer nicht durch einseitiges Senden von Botschaften erreicht, sondern nur durch Teilnahme am Gespräch und respektvolles Interesse am Erleben der anderen. Über die Grundlage einer zukunftsfähigen Strategie für Marken-Owner in der digitalen Kultur ist damit das Wesentliche bereits gesagt.

# Anmerkungen

1  Pierre Bourdieu: *Die feinen Unterschiede*. Frankfurt am Main 1987.

2  https://www.merriam.-webster.com/dictionary/brand

3  A. S. Hornby: *Oxford Advanced Learner's Dictionary of Current English*. London 1974, S. 100.

4  Rainer Baginski: *Wir trinken so viel wir können, den Rest verkaufen wir. Über Werber und Werbung*. München 2000, S. 119.

5  Inga Ellen Kastens: ›Von der Technik zur Semantik der Marke: Was die Markenführung von der Markenforschung lernen kann‹, in: dies., Albert Busch (Hrsg.): *Handbuch Wirtschaftskommunikation. Interdisziplinäre Zugänge zur Unternehmenskommunikation*. Tübingen 2016, S. 124–187.

6  Inga Ellen Kastens: *Linguistische Markenführung*. Berlin 2008.

7  Gregory Bateson: *Ökologie des Geistes*. Frankfurt am Main 1981, S. 582.

8  Beat Schmidt, Boris Lyczek (Hrsg.): *Unternehmenskommunikation: Kommunikationsmanagement aus Sicht der Unternehmensführung*. Wiesbaden 2008, S. 52.

9  http://www.markenlexikon.com/zitate_deutsches_markenlexikon.html

10  http://www.zeit.de/2016/41/deutsche-bahn-verspaetung-wagenreihungen-mysterien/seite-6

11  Fritz B. Simon: *Einführung in Systemtheorie und Konstruktivismus*. Heidelberg 2006, S. 71 ff.

12  Rick Levine, Christopher Locke, Doc Searls: *Das Cluetrain Manifest. 95 Thesen für die neue Unternehmenskultur im digitalen Zeitalter*. München 2002 (siehe auch: http://www.cluetrain.com/auf-deutsch.html).

13  Jerome Bruner: *Sinn, Kultur und Ich-Identität. Zur Kulturpsychologie des Sinns*. Heidelberg 1997. S. 56 f.

14  Helene Karmasin: *Produkte als Botschaften*. Wien 1993.

15  Roy Pea: »Distributed intelligence and education.« Paper presented at the annual meeting of the American Education Research Association. Boston, MA (April 1990); David Perkins: »Person plus: A distributed view of thinking and learning«. Paper presented at the annual meeting of the American Education Research Association. Boston, MA (April 1990), beide zit. nach Bruner 1997, S. 115 f.

16  Bruner 1997, S. 57 f.

17  Birger P. Priddat: »Menschen in Organisationen – Organisationen als Identitäts-landschaften«, in: Beate Hentschel, Michael Müller, Hermann Sottong: *Verborgene Potenziale. Was Unternehmen wirklich wert sind*. München 2000, S. 43.

18  http://www.faz.net/aktuell/wirtschaft/outdoor-marke-fjaellraeven-verzeichnet-starken-gewinn-14304498.html (datiert vom 06.07.2016).

19  http://www.horizont.net/marketing/nachrichten/True-Fruits-Gruender-Nicolas-Lecloux-Wenn-Sie-ueber-Chiasamen-nachdenken-faellt-Ihnen-nur-schweini scher-Kram-ein-142389

20  Niklas Luhmann: *Die Realität der Massenmedien*. Opladen 1995, S.85.

21  Uwe Munzinger: *11 Irrtümer über Marken. So gelingen Markenaufbau und Markenführung*. Wiebaden 2016, S. 40.

22  Baginski 2000, S. 24 f.

23  Charles S. Peirce: *Phänomen und Logik der Zeichen*. Frankfurt am Main 1983.

24  Michael Titzmann: »Semiotische Aspekte der Literaturwissenschaft: Literatursemiotik«, in: *Handbücher zur Sprach- und Kommunikationswissenschaft*. Herausgegeben von Herbert Ernst Wiegand, Band 13.3 *Semiotik. Ein Handbuch zu den zeichentheoretischen Grundlagen von Natur und Kultur*. Herausgegeben von Roland Posner, Klaus Robering, Thomas A. Sebeok 3. Teilband/Volume 3. Berlin, New York 2003, S. 3028–3103.

25  Hermann Sottong, Michael Müller: *Zwischen Sender und Empfänger. Eine Einführung in die Semiotik der Kommunikationsgesellschaft*. Berlin 1998, S. 105–111.

26  Franz-Peter Falke, zitiert nach: http://www.gem-online.de/markendefinitionen/erklaerungen.php?id=44&keyword=

27  http://www.faz.net/aktuell/wirtschaft/unternehmen/humorlose-klaeger-in-amerika-red-bull-verleiht-gar-keine-fluegel-13200029.html (datiert vom 09.10.2014).

28  Munzinger 2016, S. 41.

29  Luhmann 1995, S. 85.

30  Gerhard Schulze: *Die beste aller Welten. Wohin bewegt sich die Gesellschaft im 21. Jahrhundert?* München 2003.

31  Andrew Smart: *Autopilot. The Art and Science of Doing Nothing*. New York, London 2013.

32  Karmasin 1993, S. 54 ff.

33  Abraham H. Maslow: *Motivation and Personality*. New York 1954.

34  Klaus Grawe: *Neuropsychotherapie*. Göttingen 2004.

35  Bruner 1997, S. 56–72.

36  Die Abbildung findet sich (Stand 25.05.2017) unter: https://s-media-cache-ak0.pinimg.com/564x/06/9a/e7/069ae72ce9f466740509151c7360764b.jpg

37  http://www.zeit.de/2016/24/loreal-werbung-wissenschaft-jean-paul-agon/seite-3 (datiert vom 16.06.2016).

38  http://www.wiwo.de/unternehmen/dienstleister/werbesprech-es-reicht-werbung-hat-uns-genug-belogen/v_detail_tab_print/14804204.html

39  Ernst Mohr: *Punkökonomie. Stilistische Ausbeutung des gesellschaftlichen Randes*. Hamburg 2016.

Dieses Buch wurde klimaneutral produziert:

## ClimatePartner °
**klimaneutral**

Druck | ID 11244-1707-1002

kursbuch.edition
Herausgeber: Peter Felixberger, Sven Murmann, Armin Nassehi
Lektorat: Evelin Schultheiß, Kirchwalsede
Druck und Bindung: Steinmeier GmbH & Co. KG, Deiningen
Printed in Germany

ISBN 978-3-946514-71-8

Besuchen Sie uns im Internet: www.kursbuch.online.de
Ihre Meinung zu diesem Buch interessiert uns!
Zuschriften bitte an kursbuch@kursbuch.online